FORSCHUNGSBERICHTE DES LANDES NORDRHEIN-WESTFALEN

Nr. 2024

Herausgegeben im Auftrage des Ministerpräsidenten Heinz Kühn
von Staatssekretär Professor Dr. h. c. Dr. E. h. Leo Brandt

DK 621.923.5

Prof. Dr.-Ing. Dr. h. c. Herwart Opitz
Dr.-Ing. Reinhard Derenthal

Laboratorium für Werkzeugmaschinen und Betriebslehre
der Rhein.-Westf. Techn. Hochschule Aachen

Untersuchung des Kurzhubhonens

Springer Fachmedien Wiesbaden GmbH 1969

ISBN 978-3-663-19951-9   ISBN 978-3-663-20296-7 (eBook)
DOI 10.1007/978-3-663-20296-7
Verlags-Nr. 012024

© 1969 by Springer Fachmedien Wiesbaden
Ursprünglich erschienen bei Westdeutscher Verlag GmbH, Köln und Opladen 1969.

Inhalt

1. Einleitung 5

2. Formkorrekturen beim spitzenlosen Kurzhubhonen 6
   2.1   Untersuchungen zur Kreisformkorrektur beim Einstechkurzhubhonen 6
   2.1.1 Einfluß der Werkstückbewegungsverhältnisse 6
   2.1.1.1 Kreisformkorrektur an einem Unrund 1. Ordnung 6
   2.1.1.2 Kreisformänderung an einem Unrund 2. Ordnung 7
   2.1.1.3 Kreisformkorrektur an einem Unrund n-ter Ordnung 7
   2.1.2 Einfluß des Anlagewinkels γ auf die Kreisformkorrektur ... 8
   2.1.3 Einfluß der Werkstückumfangsgeschwindigkeit 9
   2.1.4 Einfluß des Werkstückumschlingungswinkels 9
   2.1.5 Einfluß der spezifischen Honsteinbelastung 11
   2.1.6 Einfluß des Werkstoffabtrages bei verschiedenen Ausgangsrundheitsfehlern 11
   2.1.7 Einfluß der Ausgangsrauheit 12
   2.1.8 Einfluß der Bearbeitungszeit 12
   2.2   Untersuchungen zur Zylindrizitätskorrektur 13
   2.2.1 Vorgänge in der Übergangszone 13
   2.2.2 Untersuchung bei der Bearbeitung zylindrischer Werkstücke mit einer Umfangsnut 15

3. Ermittlung günstiger Arbeitsbedingungen bei der Durchlaufbearbeitung 16
   3.1   Aufgabenstellung und Abgrenzung des Versuchsbereiches 16
   3.2   Versuchsdurchführung und Meßverfahren 17
   3.3   Versuchsergebnisse 17
   3.3.1 Einfluß der Honsteinkörnung auf das Arbeitsergebnis 17
   3.3.2 Einfluß der Honsteinhärte 18
   3.3.3 Einfluß der spezifischen Honsteinbelastung 19
   3.4   Richtwerte zur Auswahl der Arbeitsbedingungen 19

4. Untersuchungen an einem neu entwickelten Honsteinprüfgerät 20
   4.1   Probleme bei der Honsteinhärteprüfung 21
   4.2   Messung der »Honsteinverschleißhärte« 22
   4.3   Untersuchung der Einstellbedingungen 23
   4.3.1 Einfluß des Spülwasserdruckes und der Exzentrizität auf die Verschleißhärtewerte 23
   4.3.2 Festlegung der Bohrtiefe und der Tischdrehzahl 24
   4.3.3 Ermittlung günstiger Bohrwerkzeuge 24

5. Ermittlung der Rockwellhärte der im Honöl gelagerten Honsteine 25

6. Zusammenfassung 27

7. Literaturverzeichnis 28

Anhang (Abbildungen 1–38) 29

1. Einleitung

Die in den letzten Jahren ständig gestiegenen Anforderungen an die Präzision, Leistungsfähigkeit und Lebensdauer der Maschinen haben die Aufmerksamkeit des Fertigungstechnikers in größerem Maße auf die Feinbearbeitung gelenkt. Dabei soll nach MOLL [1] unter Feinbearbeitung jede Art von spanender oder spanloser Bearbeitung verstanden sein, deren Ziel eine Verbesserung von Form, Maß und Oberfläche in einem solchen Grade ist, daß das Werkstück den Ansprüchen nach ISA-Qualität 7 oder einer feineren Qualität genügt. Hierzu zählen auch Verfahren, die die Verbesserung nur einer oder zweier Qualitätsmerkmale zur Folge haben, wenn durch die Vorbearbeitung die fehlenden Bedingungen bereits erfüllt sind.
Unter den Feinbearbeitungsverfahren hat seit einigen Jahren das Kurzhubhonverfahren ständig an Bedeutung gewonnen. Auf Grund seiner wirtschaftlichen Vorteile ist hier vor allem das spitzenlose Kurzhubhonen bekanntgeworden. Das Verfahren wird überall dort eingesetzt, wo es gilt, in kurzer Zeit und mit geringem Kostenaufwand eine Oberflächenverbesserung zu erreichen.
Neben der Oberflächengüte beeinflußt die Formgenauigkeit eines Maschinenelementes die Funktion einer Maschine. Aus der Literatur ist bekannt, daß mit dem spitzenlosen Kurzhubhonverfahren bisher nur in wenigen Fällen eine gezielte Formkorrektur erreicht werden kann, zum Teil sogar bei ungünstigen Einstellbedingungen mit einer Verschlechterung der Werkstückform gerechnet werden muß. Dies führt oft zu zeitraubenden Vorversuchen zur Ermittlung der jeweils günstigen Bedingungen. Es sind daher Möglichkeiten aufzuzeigen, wie die Formfehler an vorbearbeiteten Werkstücken durch das spitzenlose Kurzhubhonen verringert werden und damit der Anwendungsbereich dieses Verfahrens und dessen Wirtschaftlichkeit erhöht werden kann.
Die Massenfertigung macht es notwendig, daß beim Kurzhubhonen die Einstechbearbeitung durch die Durchlaufbearbeitung ergänzt wird. Die Zusammensetzung des Honsteines, insbesondere die Körnung und Härte und der Anpreßdruck des Werkzeuges sind entscheidend für die Oberflächenverbesserung. Es sollen daher diese Einflußgrößen untersucht und Bedingungen aufgestellt werden, bei denen in einem Durchlauf optimale Arbeitsergebnisse erzielt werden können.
Die Auswahl des Honsteines für einen bestimmten Bearbeitungsfall ist entscheidend für die Wirtschaftlichkeit des Kurzhubhonverfahrens. In der Praxis ist man vielfach gezwungen, an Hand von Versuchen den für die vorliegende Aufgabe günstigen Honstein zu ermitteln, da es bis heute noch kein geeignetes Prüfverfahren zur Bestimmung der Honsteineigenschaften gibt. Es wurde daher im Rahmen des Versuchsprogrammes ein neues Härteprüfverfahren entwickelt.

2. Formkorrekturen beim spitzenlosen Kurzhubhonen

2.1 Untersuchungen zur Kreisformkorrektur beim Einstechkurzhubhonen

2.1.1 *Einfluß der Werkstückbewegungsverhältnisse*

Die geometrischen Verhältnisse im Arbeitsbereich einer spitzenlosen Kurzhubhonmaschine sind in Abb. 1* für ein rundes Werkstück wiedergegeben.

Bei unrunden Werkstücken sind die Anlageverhältnisse schwieriger zu übersehen, da sowohl das Werkstück als auch der Honstein eine zusätzliche Bewegung ausführen.

In Abb. 2 soll an zwei Beispielen für je zwei extreme Lagen die Verlagerung der Werkstückachse sowie des Honsteines veranschaulicht werden.

Ein schmaler Honstein bewege sich auf der senkrechten Mittellinie ($\beta = 90°$) zwischen den beiden Tragwalzen und berühre jeweils die oberste Mantellinie des Werkstückes, die von der Mittellinie geschnitten wird. Die Strecke Δs gibt dann den Weg an, den der Honstein bei jeder Auf- und Abwärtsbewegung des Werkstückes zurücklegt. Dabei ändert sich der Anlagewinkel um einen Betrag, der u. a. von der Größe des Rundheitsfehlers abhängt. Unter der Annahme, daß dieser Fehler im Mikrometerbereich liegt und daß der Tragwalzendurchmesser im Verhältnis zur Unrundheit unendlich groß ist, kann die Winkeländerung vernachlässigt werden. Dies würde der Drehung eines unrunden Werkstückes in einem Prisma entsprechen. Für die folgenden Überlegungen soll daher das Prisma als Analogiemodell zugrunde gelegt werden. Mit dieser Anordnung kann die Auslenkung des Honsteines für jeden Honsteinanstellwinkel β, Anlagewinkel γ und alle Werkstückformen berechnet werden.

Die Auslenkung des Honsteines Δs soll dabei folgendermaßen definiert sein:

$$\Delta s = q_n \cdot R_d$$

wobei R_d die Größe des Rundheitsfehlers und q_n das Auslenkungsverhältnis darstellt. $n = $ der Anzahl der harmonischen Schwingungen pro Werkstückumdrehung als Folge der Unrundheit des Werkstückes. Der q_n-Wert errechnet sich aus dem Anlagewinkel γ, dem Honsteinwinkel β und der Ordnung des Unrundes. In Abb. 3 ist für einen Honsteinanstellwinkel $\beta = 90°$ der q_n-Wert dargestellt.

Die positiven q_n-Werte drücken aus, daß sich der Buckel, d. h. Ecke des unrunden Werkstückes, unter den Honstein schiebt, während der Honstein entgegen der Anpreßrichtung ausgelenkt wird. In diesem Falle wirkt die Auslenkung der Steinhalterung sowie der damit verbundenen Steinführung auf Grund der Massenträgheit auf die Honsteinanpressung druckerhöhend. Die negativen q_n-Werte besagen, daß im Tal, d. h. auf dem Werkstückumfang mit der geringsten Krümmung eine Steigerung der Honsteinbelastung eintritt.

Bei Honeinstellwinkeln $\beta = 90°$ können die q_n-Werte entsprechend der Werkstückdrehrichtung positiv oder negativ sein. Aus Gründen des erwünschten höheren Abtrages am Buckel des unrunden Werkstückes wird hier ein positiver q_n-Wert gefordert. Dieses läßt sich mit Hilfe der in Abb. 4 gezeigten zweiteiligen Honsteinbrücke erreichen.

2.1.1.1 Kreisformkorrektur an einem Unrund 1. Ordnung

An einem Unrund 1. Ordnung soll in Abb. 5 der Bewegungs- sowie der Kraftverlauf zwischen Honstein und Werkstück erläutert werden. Im rechten Teil des Bildes ist die

---

* Die Abbildungen stehen im Anhang ab S. 29.

Abwicklung des Werkstückes dargestellt, aus der die Bewegung des Honsteines in vertikaler Richtung ersichtlich wird.

Der auf einen konstanten Wert eingestellte Anpreßdruck wird bei einem runden Werkstück die gleiche spezifische Belastung des Honsteines hervorrufen. Durch die Auf- und Abwärtsbewegung des Honsteines sowie der Steinführung tritt eine Druckschwankung ein, die auf die Beschleunigungs- und Federkräfte zurückzuführen ist. Der Anteil der Beschleunigungskräfte ist im Bild schematisch dargestellt.

Auf Grund der Beziehung zwischen dem Anpreßdruck und dem Werkstoffabtrag wird daher an Stellen höheren Anpreßdruckes ein größerer Abtrag zu erkennen sein. Dies würde bedeuten, daß der Berg auf der auflaufenden Seite stärker abgetragen wird, so daß eine Verschiebung des Fehlermaximums entgegen der Drehrichtung eintritt. Die Verschiebung ist sehr gering, obgleich in den meisten Fällen unverkennbar. Versuche von WANNINGER [2] bestätigen diesen Vorgang.

Neben der Verschiebung tritt gleichzeitig ein Abtrag des Berges ein, d. h. der Kreisformfehler wird geringer. Der Grund dafür, daß vor allem die Bergspitze abgearbeitet wird, liegt darin, daß der spezifische Anpreßdruck größer wird, wenn die Abweichung der Werkstückkrümmung von der Krümmung der Honsteinarbeitsfläche anwächst.

Da der Honstein wegen der unterschiedlichen Spülwirkung zur Ein- bzw. Auslaufseite leichter verschleißt als in der Mitte, nimmt er in etwa ein Profil entsprechend der geringsten Werkstückkrümmung an. Der Rundheitsfehler wird damit bei einem Unrund 1. Ordnung durch die Kurzhubhonbearbeitung verringert.

2.1.1.2 Kreisformänderung an einem Unrund 2. Ordnung

In Abb. 2 wird gezeigt, daß der Honstein seine höchste Lage dann einnimmt, wenn die große Achse des elliptischen Werkstückes waagerecht liegt. Bei der Drehung des Werkstückes aus der Tieflage in die Hochlage wird der Honstein entgegen der Anpreßrichtung gedrückt. Hierbei wird die Massenträgheit wirksam, und der Anpreßdruck erhöht sich. Der größte Materialabtrag erfolgt somit im Bereich der geringsten Krümmung der Ellipse. Dies ist eine Begründung dafür, daß Kreisformfehler 2. Ordnung durch das spitzenlose Kurzhubhonverfahren bei negativem q_n-Wert (Abb. 3) nicht verringert werden können. In einer Veröffentlichung von Supfina [3] wird bereits auf diesen Sachverhalt hingewiesen, ohne daß jedoch auf die näheren Gründe eingegangen wird. Darüber hinaus wurde bei mehreren Versuchen festgestellt, daß bei der Kurzhubhonbearbeitung runder Werkstücke ein Kreisformfehler auftreten kann, der sich mit zunehmender Honzeit vergrößert. Dabei handelt es sich ausschließlich um Unrunde 2. Ordnung, d. h. Ellipsen, denen die Ausgangsrundheitsform überlagert ist. In Abb. 7 soll diese Formänderung gezeigt werden. Während sich im oberen Bildteil bei nahezu rundem Ausgangsprofil eine rein elliptische Form ergibt, überlagert sich im unteren Bildteil der Ausgangsfehler.

2.1.1.3 Kreisformkorrektur an einem Unrund n-ter Ordnung

Bei negativem Auslenkungsverhältnis q_n (Unrund 2., 5. Ordnung) werden, wie bereits erwähnt, nur die Täler, d. h. Stellen auf dem Umfang geringer Krümmung tiefer ausgearbeitet. Es muß daher eine Möglichkeit gefunden werden, für alle vorkommenden Unrunde n-ter Ordnung positive q_n-Werte zu erhalten. Dies wird bei Verwendung einer zweiteiligen Honsteinbrücke weitgehend erreicht, wobei jeweils der Honstein den größten Abtrag verursacht, der auf Grund der positiven Auslenkung zurückgedrängt wird. Die Werkstückdrehrichtung gibt an, welcher der beiden Honsteine die positive Auslenkung erfährt.

Die günstigste Auslegung der Honsteinbrücke wurde aus den Ergebnissen eines

Rechnerprogramms statistisch ermittelt, wobei die Unrunde, die erfahrungsgemäß den größten Rundheitsfehler aufweisen und die sehr häufig vorkommen, besonders berücksichtigt wurden. Hierbei ergab sich, daß die optimalen Einstellwerte dann gegeben sind, wenn die Werte für q_n am größten sind, nämlich für

    Honsteinanstellwinkel $\beta = 72°$
    Anlagewinkel $\gamma = 18°$

In Abb. 8 wird für ein positives Auslenkungsverhältnis der Einfluß des Honsteinanstellwinkels an einen Unrund 3. Ordnung auf die Verteilung der Massenträgheitskraft am Werkstückumfang dargestellt.

Im linken Teil des Bildes ($\beta = 90°$) sind durch die gestrichelte und durchgezogene Kontur des Werkstückes die Extremlagen angegeben. Der schraffierte Bereich auf dem Werkstückumfang zeigt die Zone, in der auf Grund der Bewegungsverhältnisse die Massenträgheitskraft sich als druckerhöhend auswirkt. Bei Änderung des Honsteinanstellwinkels (rechte Abbildung) läßt sich der Bereich erhöhten Anpreßdruckes verschieben, so daß der Honsteinanpreßdruck an der Stelle gesteigert wird, wo ein besonders starker Abtrag erwünscht ist.

Abb. 9 zeigt, daß bei einem Unrund 5. Ordnung ähnliche Verhältnisse vorliegen. An Hand der linken Abbildung können die gleichen Beziehungen aufgestellt werden wie bei unrunden Werkstücken 2. Ordnung, d. h. daß die Rundheitskorrektur unter gleichen Voraussetzungen bei einem Unrund 5. Ordnung schlechter als bei einem Unrund 3. Ordnung ausfällt. Ändert man den Honsteinanstellwinkel (rechte Abbildung), so treffen die gleichen Verhältnisse zu, die für Unrunde 3. Ordnung angeführt werden. Man kann, wie gezeigt, bei günstiger Wahl des Honsteinanstellwinkels den durch die Massenträgheit hervorgerufenen zusätzlichen Honsteinanpreßdruck genau an der Stelle auf dem Werkstückumfang wirksam werden lassen, an der zur Erzielung der Kreisformkorrektur ein größerer Abtrag erforderlich ist.

Durch die Änderung des Honsteinanstellwinkels konnte in den meisten Fällen eine Verbesserung in der Kreisform von über 30% (Abb. 10) gegenüber der senkrechten Honsteinanordnung erreicht werden, wobei die Drehrichtung, die Ordnung des Unrunds und die Größe des Kreisformfehlers als Einflußgrößen zu berücksichtigen sind.

2.1.2 Einfluß des Anlagewinkels γ auf die Kreisformkorrektur

Nach den bisherigen Ausführungen besteht ein direkter Zusammenhang zwischen dem Auslenkungsverhältnis q_n und der Rundheitskorrektur. Dieser Zusammenhang soll an einem Beispiel gezeigt werden, wobei zur Einschränkung verschiedener Einflußfaktoren die folgenden Versuche unter einem Honsteinanstellwinkel von $\beta = 90°$ durchgeführt werden.

In Abb. 3 ist das Auslenkungsverhältnis in Abhängigkeit vom Anlagewinkel γ aufgetragen. Da die Unrunde 3. und 5. Ordnung hinsichtlich ihrer q_n-Werte und damit ihrem Korrekturverhalten gegenläufige Tendenz zeigen, sollen diese Werkstückformen näher untersucht werden.

Abb. 11 gibt die auf den Ausgangsrundheitsfehler bezogene Kreisformverbesserung wieder. Der leichte Abfall der Kurve für die Unrunde 3. Ordnung und der stärkere Anstieg der unteren Kurve lassen deutlich einen Zusammenhang mit den q_n-Werten (Abb. 3) erkennen.

Bemerkenswert ist jedoch, daß bei größeren Anlagewinkeln die Kreisformverbesserung für beide Werkstückformen gleich ist. Es erscheint sogar, daß bei Anlagewinkeln $\gamma > 25°$ Unrunde 5. Ordnung ein günstigeres Korrekturverhalten zeigen, obwohl die

q_n-Werte für Unrunde 3. Ordnung weit im positiven Bereich liegen. Die Begründung hierfür liegt darin, daß bei gleicher Honsteinbreite bei einem Unrund 5. Ordnung eine größere Anzahl von Wellen überdeckt werden als bei einem Unrund niederer Ordnung. Dieser Einfluß wird von der Auswirkung der Auslenkungsverhältnisse auf die Kreisformkorrektur überlagert. Man kann daher beim Vergleich der Abb. 11 und 3 nur die Tendenz und nicht die absolute Lage der Kurven vergleichen.

2.1.3 Einfluß der Werkstückumfangsgeschwindigkeit

Da die Massenträgheitskräfte der Steinführung u. a. von der Erregerfrequenz abhängig sind, ist es naheliegend, daß bei Werkstücken mit positivem q_n-Wert die Drehzahl des Werkstückes ($\triangleq$ Werkstückumfangsgeschwindigkeit) die Rundheitskorrektur beeinflußt. In Abb. 12 wird für verschiedene Unrunde der Einfluß der Werkstückumfangsgeschwindigkeit gezeigt. Da unterschiedliche »Honsteinüberdeckungen« zwischen den Unrunden bestehen, kann auch hier nur der Verlauf der Kurven untereinander verglichen werden.

Die Abhängigkeit der Korrektur von der Werkstückumfangsgeschwindigkeit ist bei Unrunden 3. Ordnung ausgeprägt. Da der Anstieg der Massenträgheitskräfte mit zunehmender Erregerfrequenz den größten Einfluß darstellt, erfahren Werkstücke mit negativem q_n-Wert (5. Ordnung) geringe Kreisformkorrekturen. Der für Unrunde höherer Ordnung mit zunehmender Werkstückumfangsgeschwindigkeit feststellbare Anstieg ist weitgehend auf den größer werdenden Werkstoffabtrag zurückzuführen.

2.1.4 Einfluß des Werkstückumschlingungswinkels

Das Profil des Honsteines umfaßt das Werkstück auf dem Umfang. Dabei wird der Umschlingungswinkel definiert als der Winkel, der von der Begrenzung der Honstein-Werkstückberührungsfläche und der Werkstückachse gebildet wird. Je mehr Werkstückecken (»Buckel« auf dem Werkstückumfang) gleichzeitig mit dem Honstein in Berührung kommen, um so weniger vermag der Honstein an Stellen geringer Krümmung (»Täler«) Material abzutragen. Dies würde bedeuten, daß mit Vergrößerung des Umschlingungswinkels sowie bei Unrunden höherer Ordnung eine bessere Rundheitskorrektur zu erwarten ist. In Abb. 13 werden diese Abhängigkeiten weitgehend bestätigt.

Bemerkenswert ist der deutliche Abfall der Kurven bei einem Umschlingungswinkel $\varrho > 80°$. Die Begründung liegt in der unzureichenden Spülwirkung des Honöles, dessen Aufgabe es ist, die abgeriebenen Metallsplitterchen sowie ausgebrochenen Honsteinanteile zu beseitigen, damit das Werkzeug sich nicht zusetzt und die Angriffsfähigkeit erhalten bleibt.

Bei einem sehr großen Umschlingungswinkel ist eine Honölzufuhr in dem Arbeitsspalt nur beschränkt möglich, so daß nur für die auflaufende Honsteinseite eine Spülung wirksam wird. Das hier ausgebrochene sowie zerspante Material gelangt auf Grund der Drehbewegung unter die Honsteinmitte und setzt den Stein zu. Der hier beschriebene Vorgang kann am radialen Werkstoffabtrag sowie dem gemessenen Honsteinverschleiß ebenfalls verfolgt werden, indem bei einem Umschlingungswinkel $\varrho > 80°$ ein Abfall im Abtrag und Honsteinverschleiß festzustellen ist.

In Abb. 13 ist dargestellt, daß Unrunde 5. Ordnung ein günstigeres Korrekturverhalten zeigen als Unrunde 3. Ordnung. Dies steht scheinbar im Widerspruch zu den Ausführungen über den Einfluß der q_n-Werte. Zur Erläuterung dieser Zusammenhänge muß eine Trennung der Einflüsse des Umschlingungswinkels und der q_n-Werte vorgenommen werden. Zur Erfassung der Abhängigkeit der Rundheitskorrektur vom q_n-Wert ist es notwendig, daß hinsichtlich der Anlageverhältnisse zwischen dem Honstein und dem Rundheitsprofil sowohl für Unrunde 3. als auch 5. Ordnung gleiche Bedingungen gelten. Hierzu soll der bereits erwähnte Begriff »Honsteinüberdeckung« als Grundlage dienen. In Abb. 14 ist für gleiche Umschlingungswinkel bei verschiedenen Unrunden die Honsteinüberdeckung angegeben.

Die Honsteinüberdeckung kann mathematisch ausgedrückt werden durch

$$\lambda = \frac{\varrho \cdot n}{360}$$

(n = Anzahl der harmonischen Schwingungen auf dem Werkstückumfang)

wobei ϱ zu errechnen ist aus:

$$\sin = \varrho/2 = \frac{b_{St}}{d_W}$$

An dem gezeigten Unrund 5. Ordnung ist deutlich ersichtlich, daß für einen Umschlingungswinkel von $\varrho = 45°$ der Einfluß des q_n-Wertes nur noch bedingt wirksam wird, da sich dem Profil entsprechend der Einfluß des Umschlingungswinkels bemerkbar macht. Es muß daher eine Einschränkung hinsichtlich des Einflusses der q_n-Werte gemacht werden, die besagt, daß bei gleicher Honsteinüberdeckung dem q_n-Wert nur bei geringem Umschlingungswinkel eine Bedeutung zukommt. Ein Einfluß der q_n-Werte bei gleicher Honsteinüberdeckung ist, wie in Abb. 15 gezeigt, deutlich zu erkennen.

Größere Überdeckungsgrade ($\lambda > 0,8$) wurden für Unrunde 3. Ordnung wegen der auftretenden Ausbrüche am Honstein nicht untersucht. In den Abb. 13 und 15 hat die Korrekturkurve für Unrunde 3. Ordnung im Bereich $\lambda = 0,5$–$0,65$ oder entsprechend $\varrho = 60$–$80°$ den größten Anstieg, was auf den bei anwachsendem Umschlingungswinkel größer werdenden Einfluß der Überdeckung zurückzuführen ist, der sich dem Einfluß der q_n-Werte überlagert und der schließlich die einflußreichste Größe darstellt. Da in Abb. 32 die Korrektur bei einem Unrund 3. Ordnung bei einem Umschlingungswinkel $\varrho < 35°$ günstiger ausfällt als bei einem Unrund 5. Ordnung, ergibt sich auch hieraus, daß bei kleinen Umschlingungswinkeln der von den q_n-Werten herrührende Einfluß stärker zum Tragen kommt.

Die Ergebnisse haben gezeigt, daß bei einem Umschlingungswinkel von $\varrho = 80°$ die günstigste Rundheitskorrektur erreicht werden kann. Da bei größerem Umschlingungswinkel die Spülwirkung des Honöles unzureichend wird, ist anzunehmen, daß an der auslaufenden Honsteinseite lose Körner sowie Bindungsreste zwischen dem Honstein und dem Werkstück zu einer Verschlechterung der Oberflächengüte führen können. Es ist daher notwendig, zu untersuchen, ob und inwieweit diese Vermutung zutrifft, da eine schlechte Oberfläche die Vorteile hinsichtlich der Rundheitskorrektur vor allem bei der Einstechbearbeitung aufhebt.

Abb. 16 zeigt für verschiedene Umschlingungswinkel ϱ die Oberflächengüte der nach verschiedenen Honzeiten gemessenen Werkstücke. Die Abnahme der Rauheit mit größerem Umschlingungswinkel ist eindeutig auf die Zunahme der am Honprozeß beteiligten Schneidenzahl zurückzuführen. Sobald jedoch die Spülwirkung bei Steinbreiten $b_{St} > 10$ mm nachläßt, ist damit ein Anstieg der Rauheit verbunden.

Analogieversuche mit unterschiedlicher Honölzufuhr erbrachten entsprechende Ergebnisse. Aus dieser Erkenntnis ist der Honsteinbreite auch hinsichtlich der Oberflächenqualität eine Grenze gesetzt.

2.1.5 Einfluß der spezifischen Honsteinbelastung

Die spezifische Honsteinbelastung bei der Bearbeitung unrunder Werkstücke ist nach oben begrenzt durch den Ausbruch des Honsteines und nach unten durch die unregelmäßige Mitnahme des Werkstückes. Dies trifft im besonderen Maße bei Unrunden niederer Ordnung und bei einer geringen Honsteinüberdeckung λ zu. Als Folge der stoßartigen Beanspruchung des Honsteines, die sich dem an der Maschine eingestellten Anpreßdruck überlagert, kann die zulässige spezifische Honsteinbelastung überschritten werden. Eine geringe spezifische Honsteinbelastung fördert bei hohen Umfangsgeschwindigkeiten den Druckaufbau des Honöles zwischen dem Honstein und dem Werkstück [4], der einen geringen Abtrag zur Folge hat. Darüber hinaus entsteht auf Grund der hydrodynamischen Schmierkeilbildung ein Ölfilm zwischen dem Werkstück und den Tragwalzen. Der Reibwert wird geringer, so daß das für den Honvorgang erforderliche Drehmoment von den Tragwalzen nicht mehr übertragen werden kann.

Bei einem Unrund 3. Ordnung wird zur Drehung des Werkstückes in die Hochlage die Steinführung ausgelenkt. Dabei muß ein zusätzliches Drehmoment von den Tragwalzen auf das Werkstück übertragen werden. Wird die Reibungskraft so gering, daß das erforderlich Moment nicht übertragen wird, so kommt das Werkstück in der Tieflage zur Ruhe. Diese Unterbrechung der Drehbewegung in der Tieflage führt zu einem erhöhten Materialabtrag an Stellen geringer Krümmung, so daß in diesen Fällen eine Rundheitsverschlechterung beobachtet wird. Ungünstig wirken sich dabei vor allem große Ausgangsrundheitsfehler aus, die ein entsprechend größeres Drehmoment zur Bewegung des Werkstückes in die Hochlage erfordern. Hieraus erklärt sich auch, daß Unrunde 3. Ordnung mit einem großen Rundheitsfehler unter bestimmten Bedingungen kein günstiges Korrekturverhalten zeigen.

Um den Untersuchungsbereich der spezifischen Honsteinbelastung möglichst groß zu wählen, werden daher für die folgenden Untersuchungen nur Unrunde verwendet, bei denen eine sichere Mitnahme des Werkstückes gewährleistet ist.

In Abb. 17 ist der Einfluß der spezifischen Honsteinbelastung auf eine mögliche Korrektur für Unrunde 5. und 18. Ordnung dargestellt. Für beide Unrunde stellt die spezifische Honsteinbelastung eine bedeutende Einflußgröße dar. Die Honzeiten können bei der Bearbeitung unter hohen Anpreßdrücken vermindert werden, so daß neben der Oberflächenverbesserung gute Kreisformkorrekturen bei hohen Durchlaufgeschwindigkeiten zu erreichen sind.

2.1.6 Einfluß des Werkstückabtrages bei verschiedenen Ausgangsrundheitsfehlern

Aus den bisherigen Untersuchungen geht hervor, daß der Werkstoffabtrag mit den ihn beeinflussenden Faktoren einen Einfluß auf die Kreisformkorrektur ausübt. Bei Untersuchungen mit verschiedenen Ausgangskreisformfehlern ergaben sich die in Abb. 18 gezeigten, bei veränderlichem Werkstoffabtrag erreichten Kreisformkorrekturen.

Da mit zunehmendem Ausgangskreisformfehler die absolute Fehlerkorrektur besser wird, soll in Abb. 18 zur besseren Differenzierung die Abnahme des Fehlers dargestellt werden. Ein Zusammenhang zwischen der Rundheitsfehlerkorrektur und dem Materialabtrag ist eindeutig vorhanden. Dabei ist eine um so bessere Formkorrektur zu erwarten, je größer der radiale Werkstoffabtrag ist. Es müssen daher zur Kreisformverbesserung Bedingungen gewählt werden, die die Zerspanungsleistung erhöhen, wie z. B. hohe spezifische Belastung, hohe Werkstückumfangs- und Oszillationsgeschwindigkeit, Honstein mit grober Körnung und einer Härte, bei der ein Zusetzen des Honsteines nicht eintritt.

2.1.7 Einfluß der Ausgangsrauheit

Bei Werkstücken mit größerer Ausgangsrauheit kann unter konstanten Bedingungen ein größerer Werkstoffabtrag erreicht werden.
LEDERGERBER [4] stellte fest, daß insbesondere in den ersten Bearbeitungssekunden der Einfluß sehr stark hervortritt. Sobald sich jedoch ein Endrauheitswert einstellt, ist der Werkstoffabtrag konstant. Zur Kreisformkorrektur würde sich demnach eine große Ausgangsrauheit günstig auswirken.
Abb. 19 zeigt für ein Unrund 5. Ordnung den Einfluß der Ausgangsrauheit auf die Formverbesserung in Abhängigkeit von der Honzeit. Aus der Darstellung geht hervor, daß bei großen Ausgangsrauheiten bessere Formkorrekturen zu erreichen sind. In diesem Falle tritt durch die größere Rauheit ein Selbstschärfungseffekt des Honsteines auf, so daß neue Schneiden zum Eingriff kommen, welche wiederum mehr Material abarbeiten.
Somit können kürzere Bearbeitungszeiten bei gleichen Formverbesserungen erreicht werden. Aus der nahezu gleichbleibenden Steigung der Kurven nach längeren Honzeiten geht indirekt hervor, daß die gleiche Endrauheit erzielt worden ist. Aus diesem Grunde ist es nicht vorteilhaft, wenn die auf einer spitzenlosen Schleifmaschine vorbearbeiteten Werkstücke eine hohe Oberflächengüte aufweisen.

2.1.8 Einfluß der Bearbeitungszeit

Vielfach wird die Bearbeitungszeit vorgegeben. Das trifft besonders dann zu, wenn die Kurzhubhonbearbeitung innerhalb einer Fertigungsstraße vorgenommen wird. Der Forderung nach kurzen Bearbeitungszeiten kommt der günstige Verlauf des Abtrages entgegen. Wie die Abb. 17 und 19 zeigen, findet der Kreisformkorrekturvorgang vor allem in den ersten Bearbeitungssekunden statt. Bei Anwendung geeigneter Arbeitsbedingungen ist eine Bearbeitungszeit von $t \leq 8$ s in den meisten Fällen hinreichend. Zur Veranschaulichung der Veränderung der Kreisform über der Bearbeitungszeit bei der spitzenlosen Kurzhubhonbearbeitung soll Abb. 20 dienen. Als Versuchsbedingungen wurden gewählt:

Honstein	SC 9/500/1/60 ke
max. Oszillationsgeschwindigkeit	$v_{os\,max} = 500$ mm/s
Werkstückumfangsgeschwindigkeit	$v_u = 647$ mm/s
spez. Honsteinbelastung	$p_{St} = 2,5$ kp/cm²
Werkstück	100 Cr 6, gehärtet auf 62 HRc
Vorbearbeitung	spitzenlos geschliffen 18 ⌀ × 30 mm lg
Ausgangsrauheit	$R_{a_0} = 0,2 \pm 0,02$ μm
Umschlingungswinkel	$\varrho = 78°$
Versuchsmaschine	Supfina SM 10
Honöl	Honilo 10

Die Darstellung zeigt, daß trotz der großen Ausgangsrundheitsfehler eine Rundheitskorrektur in kurzer Zeit möglich ist.
Um den Vorgang der Formverbesserung in Abhängigkeit von der Zeit anschaulicher erscheinen zu lassen, wird der Verlauf in mehreren Stadien dargestellt. Hierzu waren längere Honzeiten bei vergleichsweise ungünstigen Bearbeitungsbedingungen erforder-

lich. Die Anwendung optimaler Arbeitsbedingungen, wie sie für die verschiedenen Einstellgrößen ermittelt wurden, verschiebt den Verlauf der Kreisformkorrektur zu wesentlich kürzeren Zeiten und erweitert somit den wirtschaftlichen Einsatz dieses Verfahrens.

2.2 Untersuchungen zur Zylindrizitätskorrektur

Die Zylindrizität ist in gleicher Weise wie die Rundheit an der Funktionstüchtigkeit eines Werkstückes beteiligt. Während bei Wälzlagerrollen sowie Wellen von Gleitlagern zur Vermeidung der Kantenpressung die ballige Werkstückform angestrebt wird, sind z. B. bei Hydrauliksteuerkolben möglichst scharfe Steuerkanten erforderlich. Es soll daher untersucht werden, ob und in welchem Maße eine derartige Formbeeinflussung durch das spitzenlose Kurzhubhonverfahren verwirklicht werden kann.

Durch eine Vorbearbeitung auf einer Feindrehmaschine konnten Ausgangsfehler hinsichtlich der Kreisform und Zylindrizität weitgehend unterdrückt werden. Darüber hinaus ist bei der Bearbeitung mit definierter Schneide die Möglichkeit gegeben, eine über die gesamte Bearbeitungslänge gleichmäßige Oberflächenstruktur mit regelmäßigem Profil zu erzeugen, die Voraussetzung für konstante Arbeitsbedingungen beim Kurzhubhonen ist.

Die Ausgangsform des Honsteines wurde so vorbereitet, daß das Profil dem Werkstückdurchmesser angepaßt war. Hierzu wurde der Honstein abgerichtet, indem ein Abrichtwerkstück mit großer Ausgangsrauheit gehont wird.

Das Abrichtwerkstück hat dabei die gleiche Form und den gleichen Durchmesser wie die zu bearbeitenden Versuchswerkstücke. Zur Vermeidung von Unebenheiten auf der Honsteinfläche wurde das zum Abrichten benutzte Werkstück mit einer von Hand eingeleiteten zusätzlichen Oszillationsbewegung in axialer Richtung unter dem Honstein gedreht.

2.2.1 *Vorgänge in der Übergangszone*

Als Übergangszone einer kurzhubgehonten Fläche soll der Bereich verstanden werden, der von der äußersten Kante des Honsteines in Schwingrichtung während der Bearbeitung überstrichen wird.

Ist jedoch der Honstein länger als das Werkstück ($l_{St} > l_W$), so ist die Übergangszone des Honsteines als der Bereich anzusehen, der von der äußersten Kante des Werkstückes überstrichen wird.

Auf Grund der Überlagerung der Drehbewegung des Werkstückes und Oszillation des Honsteines wird das Werkstück innerhalb der Übergangszone nur zeitweise vom Stein berührt. Die Werkzeugeingriffszeit kann für jede Stelle berechnet werden, so daß aus der Berechnung und den Erfahrungen über den Zusammenhang zwischen der Bearbeitungszeit und dem Materialabtrag auf die Mantellinienform innerhalb der Randzone zu schließen ist. Abb. 22 gibt die Honstein-Werkstücküberdeckungsverhältnisse für einen sehr schmalen Stein ($b_{St} \to 0$) wieder.

Die schraffierte Fläche stellt die vom Honstein überstrichene Fläche während der Drehung des Werkstückes dar. Da die Honsteinoszillation als eine Sinusschwingung angesehen werden kann, läßt sich die Überdeckung aus dem Zeit-Weg-Verlauf der Steinbewegung berechnen. Die Gleichung für die Steinoszillation lautet:

$$h = \frac{H}{2} \sin(2\pi \cdot f \cdot t)$$

Nach Abb. 22 oben gilt die Beziehung $t_u = \dfrac{T}{2} - 2\,t$, wobei die Periodendauer T durch $\dfrac{1}{f}$ ersetzt werden kann. Setzt man für $2\,t$ die Kreisbogenfunktion

$$2\,t = \frac{2\arcsin 2\,h/H}{2\,\pi f}$$

so erhält man die Überdeckungszeit t_u

$$t_u = \frac{T}{2} = \frac{2\arcsin 2\,h/H}{2\,\pi f}$$

Die Überdeckung u wird auf die Periodendauer T bezogen, also $u = t_u/t$, wobei u nicht größer als 1 werden kann. Damit ergibt sich

$$u = \frac{1}{2} - \frac{\arcsin 2\,h/H}{\pi}$$

Die Größe der Werkstücküberdeckung geht aus Abb. 22 hervor. Bei einem zunächst zu erwartenden linearen Zusammenhang zwischen der Überdeckung und dem Abtrag müßte das Profil der Mantellinie in der Übergangszone die Form der gezeigten Überdeckung annehmen. In Versuchen wurde dieser Übergang nur annähernd beobachtet, wie Abb. 23 zeigt.
Die Abweichung des theoretisch errechneten zum wirklichen Übergangszonenprofil liegt im Honsteinverschleiß begründet. Nimmt man an, daß der Verschleiß sich umgekehrt proportional der Werkstücküberdeckung verhält, so kann die Verschleißcharakteristik, wie in Abb. 22 gezeigt, rechnerisch ermittelt werden. Durch Abtasten der Steinoberfläche mit einem Leitz–Forster-Gerät konnte diese Form bestätigt werden.
Das in Abb. 23 dargestellte Profil ergibt sich demnach offensichtlich aus einer Überlagerung der Überdeckungsverhältnisse und des Honsteinverschleißes.
Der Verschleiß des Honsteines setzt sich auf Grund der Oszillation zur Steinmitte hin fort. Das Werkstück nimmt also bei der Kurzhubhonbearbeitung mit einem Honstein, der kürzer als die Werkstücklänge ist, eine hohle Form an. Im folgenden soll geklärt werden, wie die Werkstückform sich ändert, wenn der Honstein länger ist als das Werkstück. Hierzu muß analog zum vorhergehenden Beispiel die Annahme gemacht werden, daß das Werkstück den Honstein »bearbeitet«. Der Honstein würde demnach die Form erhalten, die im ersten Beispiel das Werkstück erhielt. Da jedoch der Werkzeugverschleiß und der Werkstoffabtrag einen unterschiedlichen Betrag aufweisen, ist zu erwarten, daß das Profil des Honsteines von dem des Werkstückes abweicht. Weiter ist zu berücksichtigen, daß zum Erreichen derselben Zylindrizitätsabweichung in der Mitte des Werkstückes mehr Material abgetragen werden muß als in der Randzone des Werkstückes. Abb. 24 soll dies veranschaulichen, wobei das abzutragende Material durch die senkrechte Schraffur angegeben wird. Aus dieser Darstellung geht hervor, daß bei gleichem Materialabtrag der Zylindrizitätsfehler balliger Werkstücke gegenüber hohlen sich stärker ausbilden muß.
Die beschriebenen Vorgänge deuten darauf hin, daß durch die Auswahl der Honsteinlänge jede beliebige Werkstückform erreicht werden kann. Inwieweit sich dies verwirklichen läßt, sollen die folgenden Versuche zeigen. Es ist einleuchtend, daß Einspannfehler des Honsteines das Arbeitsergebnis erheblich beeinflussen. Um daher den Steinhalter nicht aus der Führung zu nehmen, wurde bei den Versuchen nicht die Honsteinlänge, sondern die Werkstücklänge variiert. Der spezifische Anpreßdruck ergibt

sich dabei aus der Anpreßkraft, die auf die entsprechende Kontaktfläche zwischen Honstein und Werkstück bezogen wird, wenn beide die symmetrische Lage eingenommen haben.

Die Versuchsergebnisse zur Bestimmung des Einflusses der Überdeckungsverhältnisse werden für verschiedene Bedingungen in Abb. 25 veranschaulicht.

Entgegen den theoretischen Überlegungen ergeben die Versuchsergebnisse, daß der Zylindrizitätsfehler dann, wenn die Honstein- und Werkstücklänge gleich sind, nicht am geringsten ist. Es wurde festgestellt, daß der Honstein zur Erzeugung der zylindrischen Form um einen geringen Betrag länger sein muß. Zur Erklärung dieser Tatsache soll Abb. 26 dienen. Der Honstein weist eine Elastizität auf, die nach PURSCHE [5] um ein Vielfaches größer ist als die des zu bearbeitenden Materials ($E_{St} \sim 400\text{--}800$ kp/mm^2). Auf Grund seiner Elastizität verformt sich der Stein unter der Anpreßkraft, so daß er in seiner äußersten Lage ($+ H/2$) die im Bild gezeigte Form annimmt. Während der Bewegung des Honsteines zur Nullage bricht die Werkstückkante die überstehenden Körner aus der Bindung, ohne daß diese Zerspanarbeit geleistet haben. Dieser Vorgang ist insbesondere bei spröden Honsteinen zu beobachten, da hier die Bindung weniger nachgibt.

Neben der elastischen Steinverformung bewirkt zusätzlich der Verschleiß der länger im Eingriff befindlichen Schleifkörner ein Überhängen des Kornmaterials. Das ausgebrochene Kornmaterial leistet, wie erwähnt, keine Zerspanarbeit, so daß nur durch eine größere Länge des Honsteines, d. h. eine größere Honstein-Werkstücküberdeckung, ein Ausgleich geschaffen werden kann.

In Abb. 25 ist der Einfluß des Oszillationshubes auf die Zylindrizitätsabweichung für zwei verschiedene Honsteine ($H_p = 45$ oberes Bild; $H_p = 25$ unteres Bild) gezeigt. Nach dieser Darstellung kann mit einem geringen Oszillationshub eine große Balligkeit erzielt werden. Eine Erklärung ist dadurch gegeben, daß sich bei einem geringen Oszillationshub eine kurze Übergangszone ausbildet, so daß der radikale Abtrag an der äußersten Werkstückkante größer wird als bei einer langgezogenen Übergangszone, die einen bedeutend größeren Werkstoffabtrag erforderlich machen würde. Weiterhin wird bei einem großen Oszillationshub der Honstein durch die Werkstückkante über einen größeren Bereich profiliert, wodurch der Kantenabfall eingeschränkt wird.

Der Einfluß der Honsteinhärte geht ebenfalls aus Abb. 25 hervor. Da der härtere Honstein (unteres Bild: $H_p = 25$) weniger verschleißt und dadurch seine Ausgangsform länger erhalten bleibt, wird die Zylindrizitätsabweichung geringer.

In Abb. 27 wird die Ausbildung der Hohl- bzw. Balligform über der Bearbeitungszeit dargestellt. Der Zylindrizitätsfehler wächst vor allem in den ersten Bearbeitungssekunden stark an, da zu Beginn der Materialabtrag am größten ist.

2.2.2 Untersuchung bei der Bearbeitung zylindrischer Werkstücke mit einer Umfangsnut

Werkstücke mit einer Umfangsnut, z. B. hydraulische Steuerkolben, werden vielfach kurzhubgehont, wobei die scharfen Steuerkanten, d. h. die Zylindrizität, erhalten bleiben soll. Es muß daher geklärt werden, welche Faktoren für den Kantenabfall an beiden Seiten eines Einstiches verantwortlich und welche Zylindrizitätsfehler zu erwarten sind.

Für die Nutkanten können drei verschiedene Überdeckungen auftreten, die in Abb. 28 gezeigt werden.

Entsprechend den Darstellungen über die Vorgänge in der äußeren Randzone ist im Bild die Ausbildung des Kantenabfalles bei verschiedenen Oszillationshüben angedeutet. Da, wie in der unteren Skizze dargestellt, auf Grund der langen Hubbewegung die Aushöhlung des Honsteines durch die Überdeckung beider Nutkanten weitgehend unterdrückt wird, ist ein geringerer Kantenabfall zu erwarten.

In Abb. 29 ist in Abhängigkeit von der Nutbreite für verschiedene Oszillationshübe sowie Honsteinhärten der Zylindrizitätsfehler aufgezeigt. Aus den Versuchen ergibt sich für den weicheren Honstein sowie den geringeren Oszillationshub ein größerer Kantenabfall. Bei Einstechbreiten von ca. 1 mm ist im allgemeinen ein Kantenabfall von ca. $2\,\mu m$ für einen hydraulischen Steuerkolben zu groß. Darüber hinaus sind Ringnuten im allgemeinen breiter als 2–3 mm. Man wird daher zweckmäßigerweise bei der Bearbeitung von derartigen Werkstücken für jede Bearbeitungsfläche einen Honstein einsetzen, damit die geforderte Zylindrizität erreicht werden kann.

3. Ermittlung günstiger Arbeitsbedingungen bei der Durchlaufbearbeitung

3.1 Aufgabenstellung und Abgrenzung des Versuchsbereiches

Die Untersuchungen über die Form- und Maßkorrekturen haben gezeigt, daß zur Erfüllung der Korrektur ein möglichst großer Werkstoffabtrag erforderlich ist. Eine gute Oberfläche läßt sich jedoch nur erreichen, wenn wenig Material abgetragen wird, d. h. wenn die Schleifkörner einen geringen Span abnehmen.

Bei der Durchlaufbearbeitung bietet sich durch Anwendung verschiedener Honbearbeitungsstationen sowohl ein großer als auch geringer Werkstoffabtrag an, so daß in einem Arbeitsgang eine Form- und eine Oberflächenverbesserung zu erwarten sind.

In diesem Kapitel sollen Arbeitsbedingungen untersucht werden, die eine optimale Bearbeitung zulassen. Dabei werden folgende Ziele angestrebt:

1. Großer Werkstoffabtrag zur Verbesserung der Formgenauigkeit
2. Steigerung der Oberflächengüte
3. Geringer Honsteinverschleiß aus Gründen der Wirtschaftlichkeit

Zur Einengung der zahlreichen, voneinander abhängigen Parameter, die bei der Durchlaufbearbeitung auftreten, soll der Einfluß verschiedener Bearbeitungsbedingungen nicht untersucht werden, da deren Bedeutung bereits weitgehend bekannt ist [6].

Die in vorliegenden Untersuchungen variierten Einflußfaktoren soll Tab. 1 angeben.

Für eine bestimmte Körnung ergibt sich eine Versuchsserie von 12 Einzelversuchen. Bei fünf verschiedenen Körnungen und fünf vorgesehenen Honstationen erweitert sich das Versuchsfeld auf 25 Serien, d. h. 300 Einzelversuche. Für einen Versuch werden etwa 20 Werkstücke benötigt, deren Oberflächenrauheit vor und nach jeder Honstation gemessen werden muß. Ferner sollen der Werkstoffabtrag und der Honsteinverschleiß aufgenommen werden.

Eine Möglichkeit, diesen erheblichen Meßaufwand zu reduzieren, ergibt sich in der Durchführung von Vorversuchen. Hierbei werden bei Anwendung verschiedener Körnungen, Härten und Anpreßdrücken die günstigsten Arbeitsbereiche weitgehend eingeschränkt. Nach jedem Vorversuch wird eine Auswahl der Bedingungen getroffen, die dann im eigentlichen Versuch weiter untersucht werden. Für die nachfolgende

Tab. 1 *Untersuchte Versuchsbedingungen*

Einflußgröße		Daten	Dimension
maschinenbedingt:	spez. Honsteinbelastung p_{St}	2,75	kp/cm²
		4,00	kp/cm²
		5,25	kp/cm²
		6,5	kp/cm²
werkzeugbedingt:	Körnung K	320	
		500	
		800	
		1000	
		1200	
	Honsteinhärte H_r	45	
		65	
		85	
		(105)	

Honstation werden die Werkstücke unter den günstigsten Arbeitsbedingungen vorbearbeitet. Bei der Festlegung der optimalen Einzelwerte wurden bei den ersten Honstationen der Werkstoffabtrag, bei den letzten die Oberflächenverbesserung zugrunde gelegt, um einmal eine Form- und zum anderen eine Oberflächenkorrektur zu erreichen.

3.2 Versuchsdurchführung und Meßverfahren

Die auf einer spitzenlosen Schleifmaschine vorgeschliffenen Werkstücke wurden vor jedem Versuch hinsichtlich ihrer Maß- und Formgenauigkeit, d. h. Kreis- und Zylindrizitätsform sowie ihrer Oberflächengüte geprüft, um Einflüsse vom Werkstück her weitgehend zu unterdrücken. Die Oberflächenrauheit wurde dabei mit einem Tastschnittgerät (Perth-O-Meter) gemessen, der Durchmesser wurde nach der Zweipunktmessung mit Hilfe eines Mikrokators bestimmt; die Kreisform wurde durch Abtasten mit dem Talyrond-Gerät und die Zylindrizität mit Hilfe einer speziellen Tastvorrichtung ermittelt.

Alle Messungen mußten im klimatisierten Raum durchgeführt werden, um den Einfluß der Wärmeausdehnung auszuschließen.

Zur Messung des Honsteinverschleißes wurde eine in Abb. 30 dargestellte Meßvorrichtung verwendet. Während der Honstein verschleißt, bewegt sich der Kolben der Steinführung relativ zur Steinführung nach unten. Die Verlagerung wird dabei über einen berührungslosen Induktivaufnehmer gemessen. Mit dieser Vorrichtung kann der Steinverschleiß während der Bearbeitung kontinuierlich verfolgt werden. Die Auswahl der bearbeiteten Werkstücke wird ebenfalls registriert.

Die Versuche wurden im Gegensatz zur Praxis nicht gleichzeitig an mehreren Honstationen durchgeführt, sondern die Werkstücke passieren jeweils nur eine Honstation.

3.3 Versuchsergebnisse

3.3.1 *Einfluß der Honsteinkörnung auf das Arbeitsergebnis*

Allgemein ist bekannt, daß bei der Durchlaufbearbeitung die ersten Honstationen mit Honsteinen grober Körnung, die letzten mit Honsteinen feiner Körnung zu besetzen sind.

In Abb. 31 soll gezeigt werden, daß die Auswahl der Korngröße nicht nur nach der anzustrebenden Oberflächenverbesserung, sondern auch nach dem Werkstoffabtrag, dem Honsteinverschleiß und der Ausgangsrauheit vorgenommen werden muß.

Entsprechend dem oberen Diagramm nimmt der radiale Werkstoffabtrag mit feinerem Korn ab, wobei bei den Körnungen 800 und 1000 keine wesentlichen Unterschiede auftreten.

Die Korngröße der Körnung 320 beträgt etwa 50 μm gegenüber 5 μm der Körnung 1000. Die spezifische Honsteinbelastung von $p_{St} = 4{,}0$ kp/cm² verteilt sich somit beim gröberen Honstein auf weniger Körner, so daß diese stark in den Werkstoff eindringen und tiefe Schnittspuren hinterlassen. Hieraus folgt gleichzeitig bei Überlagerung der Schleifspuren sämtlicher Körner ein höherer Werkstoffabtrag.

Bei geringeren Ausgangsrauheiten, z. B. R_{a_2}, d. h. Ausgangsrauheit für die 3. Honstation, sind die Abtragswerte kleiner, da der spezifische Anpreßdruck durch die Vermehrung der tragenden Spitzen abnimmt. Außerdem wird durch die geringe Rauheit der Aufschärfungseffekt vermindert, so daß auch stumpfe Körner im Schnitt bleiben.

Die Rauheitsabnahme mit zunehmender Honsteinkörnung ergibt sich aus der bereits oben angeführten Erklärung für den Werkstoffabtrag. Im Bereich geringer Honsteinkörnung scheint bei kleinen R_a-Werten die Abnahme des Mittenrauhwertes R_a negativ zu werden. Dies würde bedeuten, daß die Ausgangsrauheit verschlechtert wird.

Eine Begründung für die verschiedenen Höhenlagen der Kurven ist darin zu sehen, daß bei einer großen Ausgangsrauheit die Rauheitsspitzen stärker abgetragen werden. Legt man dagegen die auf die Ausgangsrauheit bezogene Oberflächenverbesserung zugrunde, so erhält man für verschiedene Ausgangsrauheiten nahezu die gleiche prozentuale Rauhigkeitsabnahme. Die leicht abfallende prozentuale Verbesserung bei $R_{a_2} = 0{,}09$ μm ist darauf zurückzuführen, daß mit Vergrößerung der Kontaktfläche zwischen Honstein und Werkstück sich bei feiner Körnung nach BRUNS [7] ein Ölfilm bildet, wodurch der Abtrag behindert wird und bei grober Körnung die Oberfläche aufgerauht wird.

Es wäre zu erwarten, daß auf Grund der höheren spezifischen Beanspruchung größere Körner leichter ausbrechen als feinere. LEDERGERBER [4] konnte nachweisen, daß dies vor allem bei großen Ausgangsrauheiten zutrifft. Bei geringen Rauheiten ($R_{a_0} < 1$ μm) trifft dies jedoch nicht zu. Eine Begründung dieser Tatsache ergibt sich daraus, daß bei einer geringen Ausgangsrauheit nur die Spitze des großen Kornes beansprucht wird. Es tritt daher kein Ausbrechen aus der Bindung, sondern ein Absplittern der Kornspitze ein. Bei einer feinen Körnung und geringen Ausgangsrauheit wird das ganze Korn von den Rauheitsspitzen erfaßt und aus der Bindung gerissen. Dies führt zu einem größeren Verschleiß der Honsteine mit geringerer Korngröße. Bei Ausgangsrauheiten $R_a < 0{,}2$ μm ist der Einfluß der Körnung auf den Verschleiß unbedeutender, da das Verhältnis zwischen der Größe der Rauheitsspitzen und dem Korndurchmesser sehr gering wird.

Für die Auswahl der Honsteinkörnung ergeben sich aus den Untersuchungen folgende Erkenntnisse:

1. Zur Erzielung hoher Abtragleistungen bei gleichzeitig geringem Honsteinverschleiß sind grobe Körnungen zu verwenden, z. B. K 320 und K 500.
2. Zur Erreichung optimaler Oberflächengüten sind feine Körnungen auszuwählen. Sie sollten aus Verschleißgründen erst verwendet werden, nachdem die Ausgangsrauheit weitgehend beseitigt ist.

3.3.2 Einfluß der Honsteinhärte

Die Härte des Honsteines macht sich vor allem im Verschleiß bemerkbar, da mit geringerer Bindungshärte die Körner leichter ausbrechen. Der Kornausbruch bewirkt, daß kontinuierlich neue scharfe Schneiden in Eingriff kommen. Dabei wird eine bestimmte Rautiefe nicht unterschritten. Außerdem beschädigen die ausgebrochenen losen Körner die gehonte Oberfläche durch undefiniertes Abrollen zwischen Honstein und Werkstück.

Hieraus erklärt sich, daß bei Anwendung eines weichen Honsteines keine günstige Oberflächenbeeinflussung zu erwarten ist.

Betrachtet man den Werkstoffabtrag in Abhängigkeit von der Honsteinhärte, so zeigt sich bei groben Körnungen kein wesentlicher Einfluß der Honsteinhärte. Feinere Körnungen lassen bei weicheren Honsteinen einen größeren Abtrag zu, da der Kornausbruch größer ist und daher scharfe Schneiden in Eingriff kommen.

Aus Verschleißgründen sollten daher bei Honsteinen grober Körnung harte Steine verwendet werden, da der Werkstoffabtrag und die Oberflächenverbesserung bei groben Steinen weitgehend von der Honsteinhärte unabhängig sind. Mit geringeren Rauheiten, d. h. bei Anwendung feiner Körnungen, verschiebt sich die günstigste Honsteinhärte in den Bereich des weichen Steines.

3.3.3 Einfluß der spezifischen Honsteinbelastung

Mit steigender Honsteinbelastung wächst zwangsläufig der Werkstoffabtrag. Gleichzeitig tritt auf Grund der größeren Kornbelastung ein stärkerer Kornausbruch auf. In Abb. 32 wird dieser Zusammenhang für eine Honstation gezeigt. Es wurden zwei verschiedene Honsteinkörnungen mit je zwei unterschiedlichen Härten verwendet. Der Einfluß der Honsteinhärte zeigt sich deutlich im unteren Bild am Steinverschleiß. Die feineren Körner neigen, wie vorher bereits erwähnt, eher zum Ausbruch. Da sie jedoch weniger tief in das Material eindringen, und da auf Grund der größeren Anzahl der schneidenden Körner die spezifische Belastung pro Korn geringer ist, erreichen die Honsteine feinerer Körnung nur einen geringeren Abtrag.

Hinsichtlich der Oberflächenverbesserung bringen die weichen Honsteine der Körnung 1000 das günstigste Ergebnis. Da im vorliegenden Bearbeitungsfall nach einer Honzeit von 1,23 s die Ausgangsrauheit $R_a = 0,09$ µm vollständig abgetragen ist, steigt die Abnahme des Mittenrauhwertes ΔR_a mit zunehmendem Werkstoffabtrag. Der Einfluß der Honsteinkörnung überlagert sich hierbei, wobei die feinere Körnung die bessere Oberflächengüte erreicht.

Der leichte Abfall der Oberflächenverbesserung im Bereich größerer Honsteinbelastung ist darauf zurückzuführen, daß auf Grund des erhöhten Anpreßdruckes mehr Körner ausbrechen und neue Schneiden tiefere Schleifspuren hinterlassen. Der spezifische Anpreßdruck sollte daher hinsichtlich der Oberflächengüte für die vorliegenden Bedingungen nicht mehr als 5,5 kp/cm² betragen.

3.4 Richtwerte zur Auswahl der Arbeitsbedingungen

Die im vorhergehenden Kapitel dargestellten Ergebnisse zeigen, daß eine Änderung der Arbeitsbedingungen vielfach die Form- und Oberflächenkorrektur gegenläufig beeinflussen kann. Man muß daher in den ersten Bearbeitungsstationen, bedingt durch einen großen Werkstoffabtrag, die Werkstückform und anschließend die Oberfläche verbessern. Der Honsteinverschleiß ist nur in den ersten Phasen bedeutsam, ab der 3. Honstation ist der Honsteinverschleiß bereits sehr gering.

Zur Aufstellung der günstigsten Arbeitsbedingungen soll angenommen werden, daß mit der ersten Honstation mindestens zwei Drittel der geforderten Abtragleistung erreicht wird. Die zweite Bearbeitungsstelle soll etwa ein Drittel des Gesamtabtrages erzielen und darüber hinaus durch eine feinere Körnung zur Oberflächenverbesserung überleiten. Der Honsteinverschleiß soll pro Honstation in keinem Fall größer als 10 µm pro Werkstück sein. Dies entspricht einem Werkzeugkostensatz pro Honstation und Werkstück von $K_W = 0{,}0016$ DM. Aus den Ergebnissen lassen sich nun für diese Forderungen die in Abb. 33 aufgestellten Richtwerte zusammenstellen. Für jede Honstation sind Arbeitsbereiche für die Körnung, spezifische Honsteinbelastung und Honsteinhärte angegeben, bei deren Anwendung günstige Arbeitsergebnisse hinsichtlich der Form- und Oberflächenkorrektur zu erwarten sind.

Die Angabe von günstigen Arbeitsdaten kann hierbei nur in Bereiche erfolgen, da, wie im folgenden Kapitel noch gezeigt wird, z. B. die Messung der Honsteinhärte mit den heute gebräuchlichen Prüfgeräten unzureichend ist und bei Fehlmessungen die Honsteinkörnung sowie die spezifische Honsteinbelastung um einen entsprechenden Betrag variiert werden müssen.

Ein Bearbeitungsbeispiel zeigt Abb. 34. Man erkennt deutlich den Betrag des radialen Werkstoffabtrages bei den ersten Honstationen sowie die auf Grund des Abtrages der Ausgangsrauhigkeit erreichte Oberflächenverbesserung. Der Gesamtabtrag von 7,5 µm, bezogen auf den Durchmesser, erlaubt maximal eine Kreis- und Zylindrizitätskorrektur in der gleichen Größenordnung und dürfte in den meisten Bearbeitungsfällen genügen. Die Oberflächenverbesserung beträgt etwa 90%. Der im unteren Bildteil angeführte Honsteinverschleiß ist so gering, daß die Werkzeugkosten pro Werkstück nur $\sim 0{,}0035$ DM betragen.

Die durchgeführten Versuche sowie die Aufstellung geeigneter Richtwerte für die Auswahl der Arbeitsbedingungen haben gezeigt, daß die Durchlaufbearbeitung gegenüber der Einstechbearbeitung erhebliche Vorteile aufzuweisen hat und daß dieses Verfahren hinsichtlich der Form- und Oberflächenkorrektur äußerst wirtschaftlich eingesetzt werden kann.

4. Untersuchungen an einem neu entwickelten Honsteinprüfgerät

Die Auswahl des Honsteines für einen bestimmten Bearbeitungsfall ist entscheidend für die Wirtschaftlichkeit des Kurzhubhonverfahrens. In der Praxis wird man vielfach gezwungen sein, an Hand von Versuchen den für die vorliegende Aufgabe günstigen Honstein zu ermitteln, da es bis heute noch kein geeignetes Prüfverfahren zur Bestimmung der Honsteineigenschaften gibt. Die Problematik der Honsteinauswahl liegt darin, daß selbst Honsteine gleicher Bezeichnung und von einem Hersteller Unterschiede in ihrem Arbeitsverhalten zeigen können. Die Differenzen ergeben sich aus den Unregelmäßigkeiten des verwendeten Kornmaterials, der Bindungsart und aus den technologischen Größen. Darüber hinaus treten vor allem durch die Unzulänglichkeit der verwendeten Prüfgeräte Fehlmessungen auf, so daß ungeeignete Honsteine zum Einsatz kommen können. Als Kriterium für die Auswahl des Honsteines soll wie bei der Schleifscheibe die Härte herangezogen werden, da die Korngröße, das Korn- und Bindungsmaterial vom Hersteller festgelegt sind. Unter Honsteinhärte soll dabei nicht die Härte des einzelnen Kornes, sondern die Bindungskraft zwischen den Körnern und Bindungsbrücken verstanden sein. Die Festigkeit der einzelnen Körner ist beim Kurzhubhonen nicht entscheidend.

4.1 Probleme bei der Honsteinhärteprüfung

Die heute bekannten Prüfverfahren arbeiten nach einem Prinzip, das in keinem direkten Zusammenhang zum Honvorgang steht.

Beim Sandstrahl- oder Blastiefenverfahren wird eine bestimmte Menge Sand mit Preßluft unter definiertem Druck auf die Oberfläche des Schleifkörpers geblasen. Die Bindungsbrücken werden durch den Aufprall der Sandkörner zerstört, so daß schließlich die gelösten Schleifkörner herausgeblasen werden. Die Geschwindigkeit der Bindungszerstörung wird als Maß für die Härte des Schleifkörpers angenommen, d. h. die Tiefe des entstehenden Kraters wird gemessen.

Da das Blastiefenprüfverfahren relativ große Spuren auf dem Honstein hinterläßt, wodurch der Ausnutzungsgrad des Werkzeuges geringer wird, nimmt man heute im allgemeinen die Härteklassifizierung nach dem Rockwellprüfverfahren vor. Bei dieser Prüfmethode wird mit Hilfe eines Rockwellhärteprüfgerätes eine Stahlkugel mit einem Durchmesser von 5 mm unter einer Vorlast von 10 kp und einer Hauptlast von 60 kp in die Oberfläche des Schleifkörpers gedrückt. Die Eindringtiefe der Kugel stellt ein Maß für die Härte des Honsteines dar.

Reihenuntersuchungen führten zu dem Ergebnis, daß dieses Prüfverfahren nur annähernd die Bindungshärte angibt und geringe Aussagen über die Standzeit eines Honwerkzeuges macht. Es ergeben sich nämlich folgende Fehlereinflüsse bei der Messung:

1. Die Unebenheiten auf der Honsteinoberfläche, d. h. Schleifspuren usw., bewirken, daß die Kalotte der Prüfkugel an jeder Meßstelle in unterschiedlicher Form mit der Werkzeugoberfläche zur Anlage kommt. Vor allem bei harten Honsteinen, wenn die Eindringtiefe gering ist, können sich die Bearbeitungsspuren stark bemerkbar machen.
2. Die Prüffläche ist sehr gering, so daß die Aussagefähigkeit beschränkt ist.
3. Die Messung wird weitgehend an der Oberfläche vorgenommen. Dabei werden Fehler in der Werkzeugrandzone, die z. B. auf unzureichende Kühlung bei der Bearbeitung der Honsteine zurückzuführen sind, mit in das Meßergebnis eingehen.
4. Mit zunehmender Anzahl der Messungen vergrößert sich die Rauheit auf der Kugeloberfläche. Dabei ändern sich die Reibungsverhältnisse, so daß die Härtewerte zu hoch angezeigt werden.
5. Bei Messungen an ölgetränkten Honsteinen wird die Härte geringer angezeigt als an trockenen Steinen. Der Grund liegt ebenfalls in den unterschiedlichen Reibungsverhältnissen.

Umfangreiche Versuche führten zu dem Ergebnis, daß der Zusammenhang zwischen dem angezeigten Härtewert und dem Honsteinverschleiß bei den Messungen an ölgetränkten Honsteinen besser ist als bei der üblichen Messung an trockenen Steinen. Beim Hersteller können jedoch die Honsteine nicht mit Öl benetzt werden, da das Öl sich nur schwer aus dem Honstein entfernen läßt, ohne daß die Bindung angegriffen wird. Anderenfalls würde das Öl verharzen, wodurch der Stein unbrauchbar wird.

Die oben angeführten Mängel einer Rockwellprüfung geben eine Erklärung für die großen Streuungen in den Meßergebnissen an gleichen Honsteinen. Darüber hinaus muß mit einer zusätzlichen Streuung der Werkzeugqualitäten innerhalb einer Lieferserie gerechnet werden, so daß eine sichere Klassifizierung der Honsteine mit den heutigen Mitteln nicht möglich ist.

Es wurde daher ein neues Honsteinhärteprüfgerät entwickelt, um die Werkzeuge innerhalb einer Honsteinsorte nach ihrem Schneidverhalten zu differenzieren.

4.2 Messung der »Honsteinverschleißhärte«

Die bisherigen Untersuchungen führten zu dem Ergebnis, daß vor allem die Härte des Honsteines den Werkzeugverschleiß beeinflußt und daß der Steinverschleiß mit dem Arbeitsergebnis in direktem Zusammenhang steht. Bei der Belastung eines weichen Honsteines brechen kontinuierlich Körner aus der Bindung, wobei immer neue scharfkantige Schneiden in Eingriff kommen. Dabei kann sich der Stein nicht zusetzen, er trägt während der Bearbeitung gleichmäßig Material ab.

Ein zu harter Stein verschleißt dagegen nur geringfügig; er kann sich jedoch zusetzen, wobei der Abtrag und damit die Oberflächen- und Formverbesserung in Frage gestellt werden. Auf die Oberflächengüte wirkt sich ein zu weicher Stein sehr nachteilig aus, da einmal die schneidenden Körner Spuren hinterlassen, zum anderen die ausgebrochenen Körner und Bindungsreste die Oberfläche beschädigen.

Zur Beurteilung der Honsteinqualität innerhalb einer Honsteinart soll wegen des Zusammenhanges zwischen dem Verschleißverhalten des Honsteines und dem Arbeitsergebnis der Steinverschleiß, d. h. die Standzeit des Werkzeuges zugrunde gelegt werden.

An das neu entwickelte Härteprüfgerät sollen daher folgende Anforderungen gestellt werden:

1. Durch den Prüfvorgang soll die tatsächliche Beanspruchung der Körner simuliert werden.
2. Es muß eine ausreichende Differenzierung der gemessenen Härtewerte erreicht werden.
3. Das zu untersuchende Werkzeug darf bei der Prüfung nicht beschädigt werden.
4. Das Prüfgerät muß werkstattsgerecht konstruiert und einfach in der Handhabung sein.
5. Eine subjektive Beeinflussung des Meßergebnisses soll ausgeschlossen sein.

In Abb. 35 wird die von LEDERGERBER neu entwickelte Ausführung des Gerätes gezeigt. Der Honstein (7) liegt auf einem Drehtisch, der über einen Keilriemen von einem Motor (2) angetrieben wird.

Ein rohrförmiges Prüfwerkzeug (9) wird mittels Auflagegewichten (22) unter einer konstanten Belastung auf den sich drehenden Honstein gesetzt. Das Bohrrohr wird über einen Schwinghebel (18) durch ein Kreuzfedergelenk (15) geführt. Das Aufsetzen des Bohrrohres wird in Abb. 36 verdeutlicht. Die gezeigte Schrägstellung des Rohres bewirkt, daß die Spülflüssigkeit, die unter Druck durch das Bohrrohr geführt wird, die ausgebrochenen Körner sowie Bindungsreste ungehindert fortspülen kann. Die Schrägstellung des Bohrrohres wird dadurch erreicht, daß die untere Führung des Bohrrohres exzentrisch zur Drehachse des Honsteines angebracht ist. Über zwei Exzenterringe läßt sich die Exzentrizität stufenlos verstellen. Die Überlagerung der Drehbewegung des Honsteines mit der Taumelbewegung des Bohrrohres bewirkt eine Linienberührung zwischen Honstein und Stirnseite des Bohrkopfes. Entsprechend der Drehung des Honsteines ändert die Berührungslinie stetig ihre Lage und bewirkt eine Schleifbewegung zwischen Bohrkopf und Honstein, wobei Schleifkörner ausbrechen.

Die gewählte Rohrform des Bohrwerkzeuges hat den Vorteil, daß sich die bezüglich der Genauigkeit des Verfahrens wichtigen Abmessungen des Rohres einfach überprüfen lassen. Außerdem ändert sich bei auftretendem Verschleiß die Form des Bohrkopfes nicht. Der Einfluß der Unebenheiten der Honsteinoberfläche auf das Meßergebnis wird dadurch unterdrückt, daß auf eine bestimmte Tiefe vorgebohrt wird.

Als Meßergebnis wurde die »Honsteinverschleißhärte H_{VSt}« eingeführt. Diese ist definiert als Anzahl der Honsteinumdrehungen, die benötigt werden, um eine Bohrtiefe von 1 mm zu erreichen. Über einen Impulsgeber (3) werden auf einem Zähler $1/10$ Umdrehungen angezeigt. Als Spülmittel wird Wasser eingesetzt. Somit könnte die Prüfung unmittelbar in den Fertigungsprozeß eingeschaltet werden, wobei die Honsteine vorteilhaft nach dem Naßschleifen auf Maß geprüft werden sollten. Danach kann eine Trocknung bei geringer Temperatur erfolgen, wobei die Härte des Honsteines erhalten bleibt.

Für das Bohrrohr wurden zunächst die verschiedensten Werkstoffe erprobt, wie z. B.: Stahl im geglühten Zustand, Messing, Glas, Hartmetall. Diese Versuche führten jedoch zu keinem befriedigenden Ergebnis, da entweder die Eindringtiefe zu gering war oder das Werkzeug von dem zu prüfenden Honstein abgenutzt wurde.

Abb. 37 zeigt ein neu entwickeltes Prüfwerkzeug, welches an seiner Spitze einen Diamant-Vielkornabrichter trägt und welches den gestellten Anforderungen gerecht wird.

Der Diamantvielkornabrichter zeichnet sich dadurch aus, daß er sehr verschleißfest ist und dadurch eine nahezu konstante Form behält.

4.3 Untersuchung der Einstellbedingungen

Zur optimalen Auslegung des Prüfgerätes wurden zunächst die Einstellbedingungen und deren Einfluß auf das Prüfergebnis untersucht.

4.3.1 *Einfluß des Spülwasserdruckes und der Exzentrizität auf die Verschleißhärtewerte*

Der zur Beseitigung der ausgebrochenen Körner erforderliche Spüldruck hat einen eindeutigen Einfluß auf die Anzahl der zum Erreichen einer bestimmten Bohrtiefe benötigten Honsteinumdrehungen. Abb. 38 zeigt diesen Zusammenhang. Bei geringem Spülwasserdruck steigt die Anzahl der Umdrehungen progressiv an, da die Spülung nicht ausreicht, den Abrieb fortzuspülen. Der Abrieb wird zwischen der Bohrstange und dem Honstein zermahlen, die Diamantkörner werden zugesetzt, so daß keine neuen Schleifkörner ausgebrochen werden. Bei einem Spülwasserdruck $p_W \geq 1$ atü (kp/cm²) ist dieser Einfluß unbedeutend. Es wurde daher ein bei allen Versuchen gleicher Wasserdruck von 1 atü gewählt. Dadurch wird einmal die Spritzgefahr verringert, zum anderen macht sich dieser geringe Druck nicht auf die Anpreßkraft des Bohrrohres bemerkbar, denn der Wasserdruck ist der Anpressung entgegengerichtet.

Die Exzentrizität des Bohrkopfes zur Honsteindrehachse läßt sich im Bereich von 0 bis 1,6 mm variieren. Mit größer werdender Exzentrizität fallen die Verschleißhärtewerte bei harten Steinen, dagegen steigen die Werte bei weicheren Steinen. Der Grund liegt darin, daß bei härteren Steinen und größerer Exzentrizität die Spülwirkung überwiegt. Bei weicheren Steinen ist der Einfluß der Schrägstellung entscheidend. Je größer die Schrägstellung ist, um so geringer ist die Anzahl der im Schnitt befindlichen Diamantkörner, d. h. es werden weniger Körner ausgebrochen. Zur besseren Differenzierung wird daher eine geringe Exzentrizität von $e = 0,4$ mm vorgeschlagen. Allgemein konnte festgestellt werden, daß der Einfluß der Exzentrizität von untergeordneter Bedeutung ist.

4.3.2 Festlegung der Bohrtiefe und der Tischdrehzahl

Bei einer bestimmten Bohrtiefe ist die Bohrzeit abhängig von der Eindringgeschwindigkeit des Bohrrohres. Theoretisch soll die Bohrtiefe die Eindringgeschwindigkeit nicht beeinflussen. Da jedoch bei großen Bohrtiefen die Spülwirkung unzureichend wird, sollte man die Bohrtiefe nicht zu groß wählen. Für die Messungen erwies sich eine maximale Prüfbohrtiefe von 1 mm und eine Vorbohrtiefe von 0,3 bis 0,6 mm als günstig. Da die Tischdrehzahl keinen wesentlichen Einfluß darstellt, wurde diese auf $n_T = 160$ U/min festgelegt.

Das Auflagegewicht wurde nach dem Gesichtspunkt der Prüfzeit bestimmt, so daß auch bei harten Steinen die Prüfdauer nicht zu groß wird ($G_A = 1,08$ kp).

4.3.3 Ermittlung günstiger Bohrwerkzeuge

Nach der Festlegung geeigneter Einstellbedingungen wurde festgestellt, daß bestimmte Honsteinsorten keinen eindeutigen Zusammenhang zwischen dem Honsteinverschleiß und der gemessenen Honsteinverschleißhärte zeigten. Als Ursache ergab sich eine Fehlmessung, die in dem Prüfwerkzeug begründet lag. Es wurden daher mehrere Bohrrohre angefertigt, wobei die eingesetzten Vielkornabrichter verschiedene Diamant-Körnungen bzw. Bindungen besaßen.

Alle Prüfwerkzeuge wurden an verschiedenen Honsteinsorten erprobt. Die folgende Tabelle gibt die Daten der untersuchten Prüfwerkzeuge wieder:

Bohrrohr Nr.			
1	UR D	150 Bz	120
2	UR D	100 Bz	120
3	UR D	70 Bz	120
4	UR D	50 Bz	120
5	UR D	70 W	120
6	UR D	150 HM	120
7	UR D	100 HM	120

Dabei bedeutet z. B. UR D 150 Bz 120

UR = Typenbezeichnung; D = Kornmaterial Diamant
150 = mittlerer Korndurchmesser in μm
Bz = Bindungsart Bronze; 120 = Diamantanteil
100 = 4,4 Karat/cm³ (1 Karat = 0,2 p)
120 = 5,28 Karat/cm³

Zur Verfügung standen 12 verschiedene Honsteinsorten mit unterschiedlichen Härten, wobei jede Honsteinsorte aus einer Lieferung stammte und die Honsteine innerhalb einer Sorte die gleichen Eigenschaften, z. B. Härte, aufweisen sollten.

Die Untersuchungen wurden wie folgt durchgeführt:

1. Ermittlung der Honsteinhärte nach dem Rockwell-Härteprüfverfahren
2. Lagern der Honsteine im Wasser (24 Stunden)
3. Ermittlung der Verschleißhärte mit Hilfe der Verschleißhärteprüfmaschine unter Anwendung der oben bezeichneten Bohrrohre (je Bohrrohr und Honstein zwei Messungen)
4. Trocknen der Honsteine in einem elektrisch beheizten Muffelofen (36 Stunden bei 60°C)

5. Feindrehen der zu honenden Werkstücke auf einer Feinstdrehmaschine
$R_t = 6,8$ µm $\pm 0,5$ µm
Zylindrizitätsabweichung $C_d < 1,0$ µm
Kreisformfehler $R_d < 1,0$ µm
6. Honen der Werkstücke auf einer Einstechkurzhubhonmaschine
Bedingungen:
Werkstückumfangsgeschwindigkeit v_u = 400 mm/s
Oszillationsgeschwindigkeit $v_{os\,max}$ = 500 mm/s
Werkstück Ck 45, grobkorngeglüht, 16,7 ⌀ × 30 mm lg
spezifische Honsteinbelastung p_{St} = 2,5 kp/cm²
Honzeit t = 60 s

5. Ermittlung der Rockwellhärte der im Honöl gelagerten Honsteine

Die Auswertung der Versuchsergebnisse bestand darin, an Hand von 18 Honsteinen verschiedener Honsteinsorten den tatsächlichen Verschleiß in Abhängigkeit von den vorher ermittelten Härtewerten darzustellen. Dabei wurde eine lineare Abhängigkeit zugrunde gelegt. Ungenauigkeiten in der Härtemessung und in der Verschleißprüfung führen jedoch dazu, daß der Zusammenhang nur annähernd erreicht wird. Aus der Vielzahl der Streuwerte läßt sich eine Regressionsgerade ermitteln, die bei der Darstellung des Verschleißwertes über der gemessenen Härte etwa eine Steigung von 45° aufweist. Im Idealfall würden alle Werte auf der Regressionsgeraden liegen, je weiter jedoch die Werte streuen, um so unsicherer ist der Zusammenhang zwischen der gemessenen Honsteinhärte und dem Steinverschleiß. Es wurde daher für jede Honsteinsorte und jede Härtemeßmethode die mittlere Abweichung der Einzelwerte von der Regressionsgeraden gebildet. Da der Verschleiß- und der Härtebereich überall unterschiedlich sind, wird die Einzelabweichung auf die Spannweite des Steinverschleißes $S_{V\,St}$ bezogen und kann in Prozent ausgedrückt werden.

In Tab. 2 werden die Einzelabweichungen für alle Versuchsserien zusammengestellt. Abweichungen über 25% sollen als unbefriedigendes Ergebnis angesehen werden, da hier ein eindeutiger Zusammenhang zwischen der gemessenen Härte und dem Verschleiß nicht erkennbar ist.

Aus den Ergebnissen soll das Bohrwerkzeug ermittelt werden, das für alle Härten die beste Aussage über den zu erwartenden Honsteinverschleiß macht. Eindeutig liefert das Bohrrohr D 50 Bz die geringsten Abweichungen. In fast allen Fällen kann festgestellt werden, daß das neuentwickelte Prüfverfahren auch bei ungünstigen Arbeitsbedingungen dem bisher bekannten Rockwellprüfverfahren (trocken, Honöl) überlegen ist. Dabei ist die Prüfung der im Honöl gelagerten Honsteine aussagekräftiger als die Prüfung an trockenen Steinen.

Auffallend ist, daß bestimmte Steinsorten bei allen Prüfungen einen guten Zusammenhang zwischen der gemessenen Härte und dem Steinverschleiß zeigen. Es handelt sich hier offensichtlich um eine besonders gleichmäßige Steinqualität.

Die gleiche Steinsorte kann, wie Versuche zeigten, bei einer weiteren Lieferung, d. h. anderen Charge, ein gänzlich unterschiedliches Verhalten zeigen, so daß das Rockwellprüfverfahren nicht anzuwenden ist.

Tab. 2 Mittlere Einzelabweichung von der Regressionsgeraden

Honstein	Mittlere Einzelabweichung, bezogen auf die Spannweite $S_{V_{St}}$, in %								
	trocken	Honöl	D 150 Bz	D 100 Bz	D 70 Bz	D 50 Bz	D 70 W	D 150 HM	D 100 HM
SC 9 500/5/10 VD	×	×	×	×	×	16,75	×	×	×
SC 9 500/5/20 VD	×	×	×	×	13,75	11,0	×	×	×
SC 9 500/4/25 VU	16,4	16,9	×	×	12,6	10,5	9,25	17,6	15,6
SC 9 500/1/40 VD	15,95	13,0	13,6	15,7	19,5	13,7	19,0	11,25	13,9
SC 9 500/3/45 VU	×	13,45	16,6	×	×	10,7	12,65	×	18,1
SC 9 500/1/45 VD	×	19,6	20,4	12,6	13,7	17,5	×	15,9	14,4
SC 9 500/1/70 VU	×	20,7	12,7	18,75	13,75	11,7	15,65	13,12	×
SC 9 500/2/70 VD	13,45	14,13	10,8	×	11,1	7,78	4,75	9,36	11,2
SC 9 800/0/70 VU	21,6	5,6	13,8	12,9	8,7	6,37	16,45	8,56	12,3
SC 9 500/0/80 Ke	×	×	23,1	24,6	22,7	12,2	23,4	11,0	×
SC 9 500/09/80 VD	×	×	×	×	18,2	12,1	20,3	20,5	×
SC 9 500/09/95 VD	15,4	17,0	15,6	19,2	12,8	14,1	18,6	15,9	20,0

× bedeutet: > 25% bzw. keine eindeutige Tendenz.

Die Unzuverlässigkeit der Bohrrohre mit großen Diamantkörnern ist auf das Zusetzen der Werkzeuge zurückzuführen. Zwischen den Diamantkörnern setzen sich Bindungsreste und Schleifmaterial fest, so daß die Eindringgeschwindigkeit geringer wird. Dies ist vor allem an sehr harten Steinen zu beobachten. Es sind daher möglichst geringe Diamantkorngrößen zu wählen.

Versuche an Honwerkzeugen feinerer Körnungen haben gezeigt, daß hier Bohrrohre mit Diamantkörnern kleiner als 50 µm Korndurchmesser einzusetzen sind.

Eine zuverlässige Klassifizierung der Honsteine ermöglicht eine Reduzierung des Lagerbestandes und trägt damit zur Kostensenkung bei. Außerdem können durch eine bessere Differenzierung der Honsteinsorten für bestimmte Bearbeitungsaufgaben geeignete Steine mit gleichem Arbeitsverhalten eingesetzt werden, wodurch eine gleichmäßige Werkstückqualität und ein ungestörter Arbeitsablauf garantiert werden.

6. Zusammenfassung

Im vorliegenden Bericht wird aufgezeigt, wie beim spitzenlosen Kurzhubhonen unter bestimmten Bedingungen eine Werkstückformkorrektur erreicht werden kann. Untersuchungen zur Kreisformkorrektur weisen die Massenträgheitskraft der Steinführung, der bisher keine Bedeutung beigemessen wurde, als Einflußgröße aus. Diese kommt dann zur Wirkung, wenn das Werkstück auf Grund seiner Unrundheit eine vertikale Verlagerung erfährt.

Für die beim spitzenlosen Schleifen häufig vorkommenden Polygonprofile werden die Anlageverhältnisse zwischen Werkzeug und Werkstück ermittelt, mit deren Kenntnis eine Rundheitskorrektur beim Kurzhubhonen ermöglicht wird. Die Untersuchung anderer Einflußgrößen, wie Werkstückumfangsgeschwindigkeit, -umschlingungswinkel, spezifische Honsteinbelastung, Ausgangsrundheitsfehler, Ausgangsrauheit und Bearbeitungszeit führen zu dem Ergebnis, daß unter günstigen Arbeitsbedingungen eine Rundheitskorrektur bis zu 95% des Ausgangsrundheitsfehlers erreicht werden kann.

Während bei Wälzlagerrollen sowie Wellen von Gleitlagern zur Vermeidung der Kantenpressung die ballige Werkstückform angestrebt wird, sind z. B. bei Hydrauliksteuerkolben möglichst scharfe Steuerkanten erforderlich. Beide Forderungen lassen sich unter Bedingungen, die in dem Bericht theoretisch analysiert und im Experiment bestätigt werden, erreichen. Außerdem wird gezeigt, daß bei der Einstechbearbeitung die exakt zylindrische Werkstückform dann erreicht werden kann, wenn der Honstein um einen bestimmten Betrag größer ist als die Bearbeitungslänge.

Die Versuche bei der Durchlaufbearbeitung haben gezeigt, daß bei geeigneten Arbeitsbedingungen in kurzer Bearbeitungszeit ein großer Werkstoffabtrag zur Formkorrektur und eine gute Oberflächenqualität bei geringem Honsteinverschleiß erreicht werden können. Aus den Versuchsergebnissen wurden Richtwerte für die Arbeitsbedingungen ermittelt.

Mit der Entwicklung eines neuen Honsteinprüfgerätes ist es möglich geworden, die Honsteine vor dem Einsatz nach ihrem Arbeitsverhalten zu bestimmen.

Die gezeigten Ergebnisse bringen deutlich zum Ausdruck, daß dieses neue Prüfverfahren den bisher bekannten überlegen ist. Mit dieser Prüfung der Honwerkzeuge kann nunmehr das Kurzhubhonverfahren hinsichtlich des Honsteinverschleißes und der Arbeitsqualität noch wirtschaftlicher als bisher eingesetzt werden.

7. Literaturverzeichnis

[1] MOLL, H., Begriffe der Feinbearbeitung und Grundlagen für den Vergleich der Verfahren. Werkstattstechnik und Maschinenbau 43 (1953), S. 90–92.
[2] WANINGER, G., Bewegungsvorgänge und Kraftgrößen beim Feinhonen und die Entwicklung der Geräte. Dissertation, TH Aachen 1952.
[3] SUPFINA, Supfina Mitteilungen T 3, Juli 1960.
[4] LEDERGERBER, A., Untersuchung des Kurzhubhonens. Einfluß der Werkstückvorbearbeitung, der Honsteinart und der Arbeitsbedingungen auf das Arbeitsergebnis. Dissertation, TH Aachen 1965.
[5] PURSCHE, G., Kennzeichnung der Qualität von Ziehschleifsteinen mit Hilfe des E-Moduls. Fertigungstechnik u. Betrieb 1965, 15. Jg. (1965), April, Heft 4, S. 240 ff.
[6] OPITZ, H., A. LEDERGERBER, T. H. KANG und R. DERENTHAL, Untersuchung bei der Feinbearbeitung. Forschungsberichte des Wirtschafts- und Verkehrsministeriums des Landes NRW Nr. 1750, Westdeutscher Verlag, Köln und Opladen 1967.
[7] BRUNS, H. J., Feinziehschleifen. Dissertation, TH Aachen 1951.

Anhang

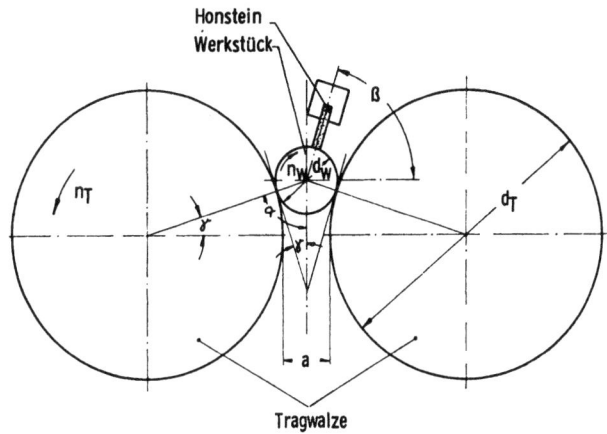

β = Honsteinanstellwinkel
γ = Anlagewinkel
a = Abstand der Tragwalzen

Abb. 1 Geometrische Anlageverhältnisse beim spitzenlosen Kurzhubhonen

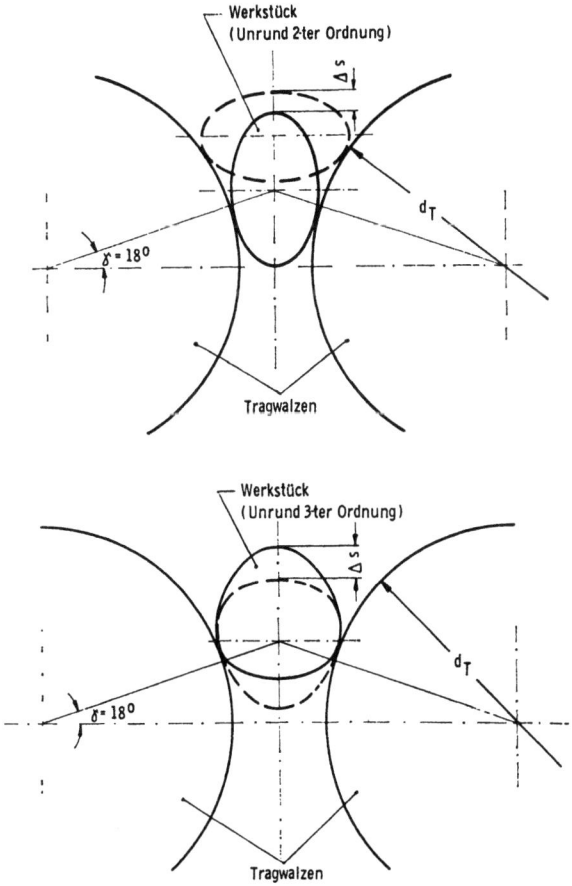

Abb. 2 Die Anlageverhältnisse beim Kurzhubhonen unrunder Werkstücke

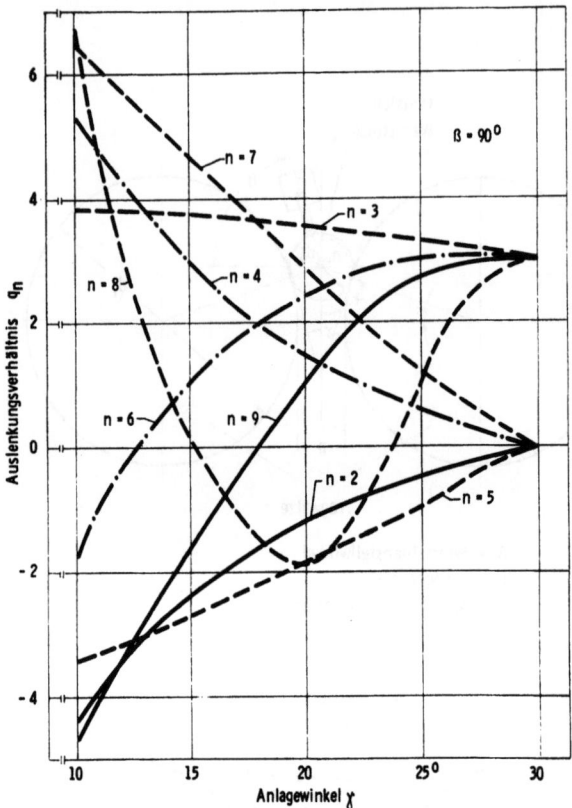

Abb. 3 Anzeigeverhältnis in Abhängigkeit vom Anlagewinkel γ für verschiedene Unrunde ($\beta = 90°$)

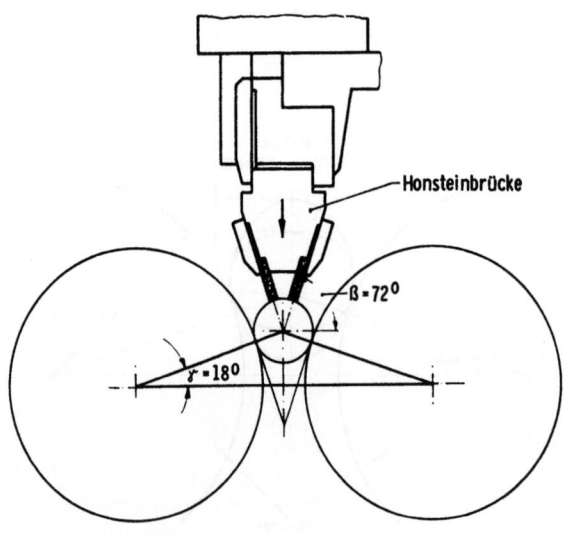

Abb. 4 Zweiteilige Honsteinbrücke

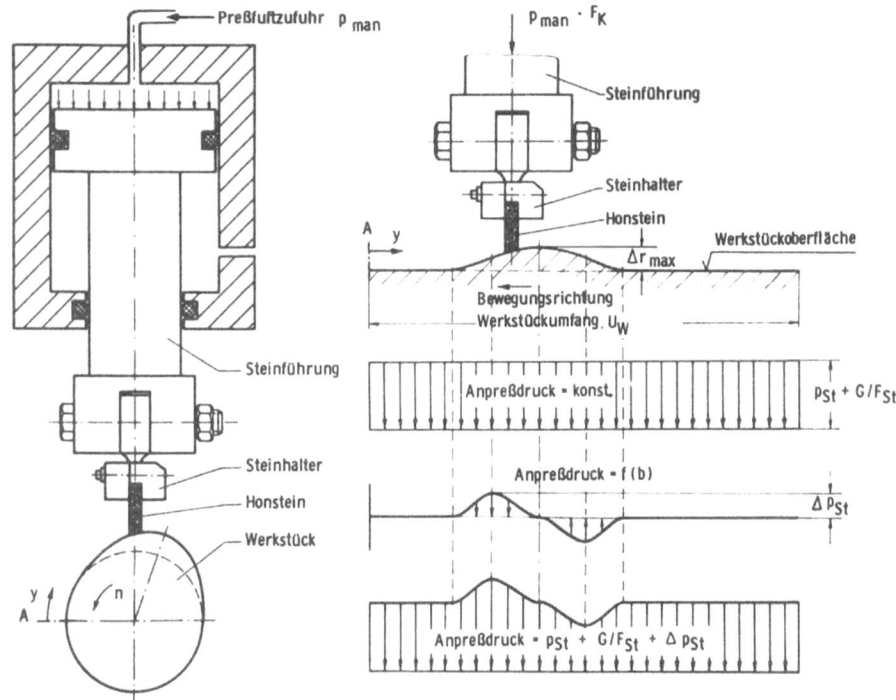

Abb. 5 Verteilung des Steinanpreßdruckes auf dem Werkstückumfang bei einem unrunden Werkstück 1. Ordnung

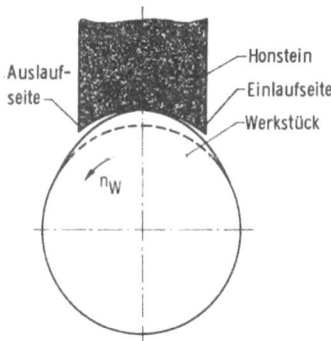

Abb. 6 Honsteinanlage bei einem Unrund 1. Ordnung

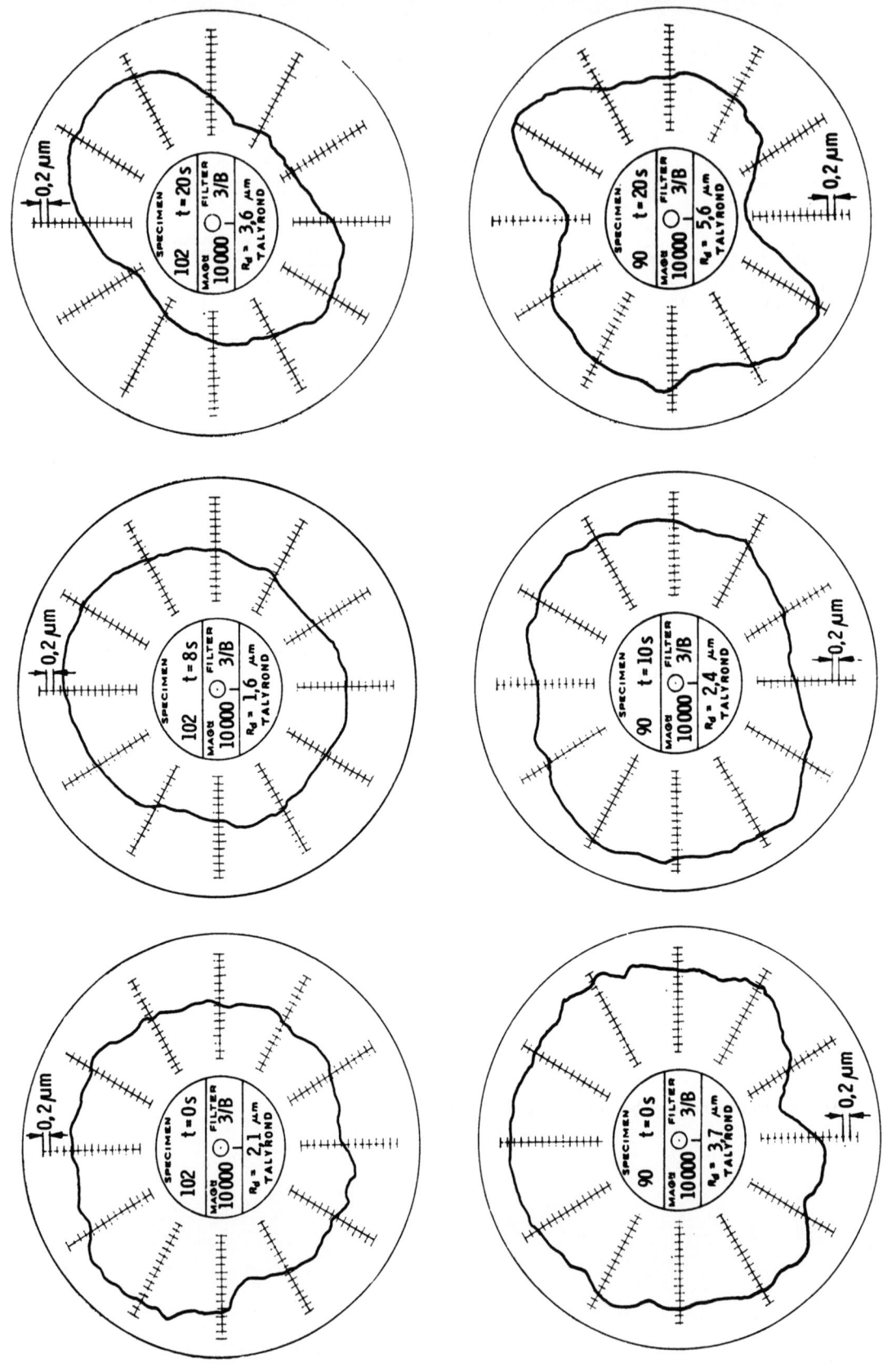

Abb. 7 Änderung der Kreisform durch den Kurzhubhonvorgang in Abhängigkeit von der Honzeit

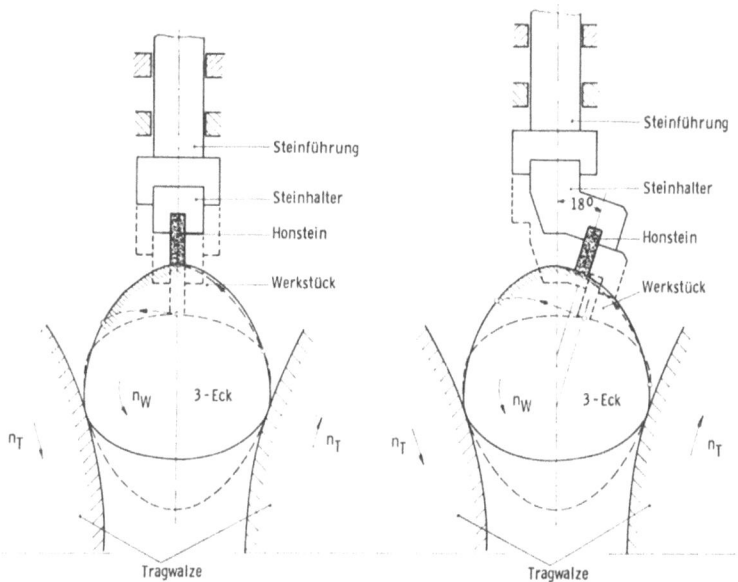

Abb. 8   Einfluß des Honsteinanstellwinkels auf den Wirkungsbereich der Massenträgheitskraft bei einem Unrund 3. Ordnung

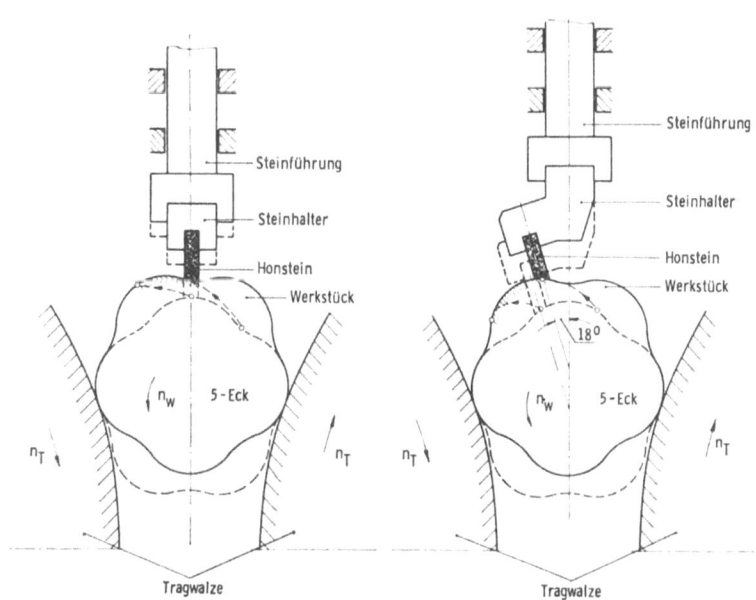

Abb. 9   Einfluß des Honsteinanstellwinkels auf die Wirkungsweise der Massenträgheitskraft bei einem Unrund 5. Ordnung

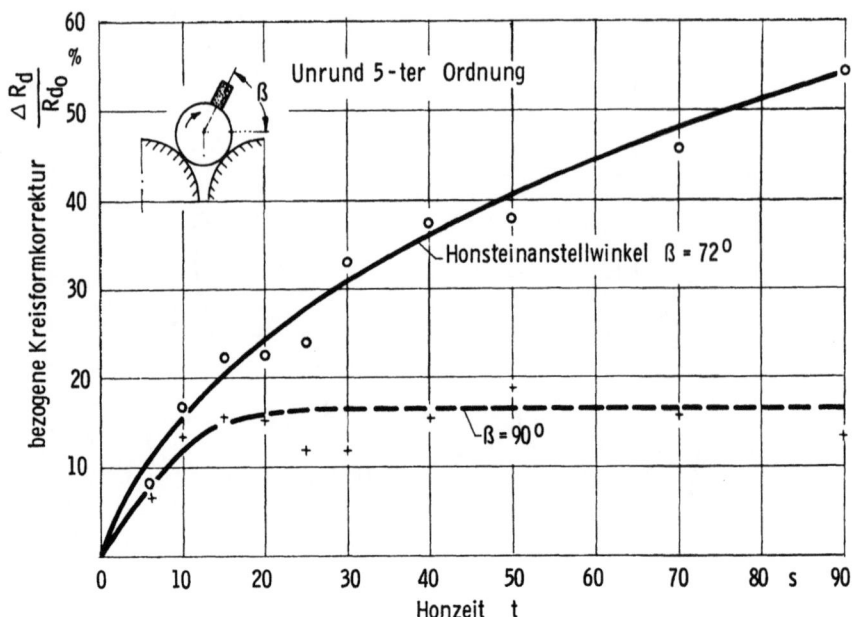

Abb. 10 Einfluß des Honsteinanstellwinkels auf die Kreisformkorrektur

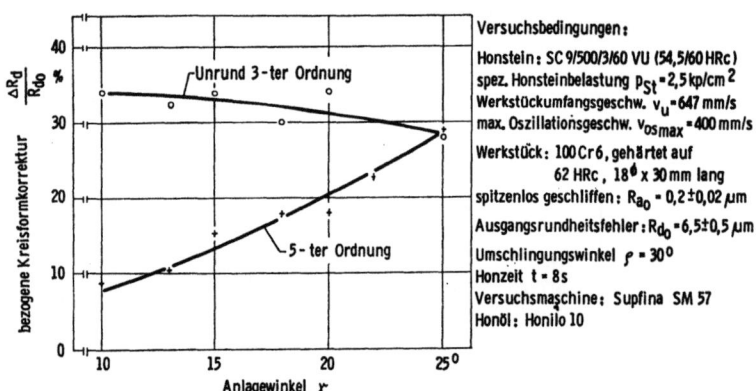

Abb. 11 Abhängigkeit der Kreisformverbesserung vom Anlagewinkel

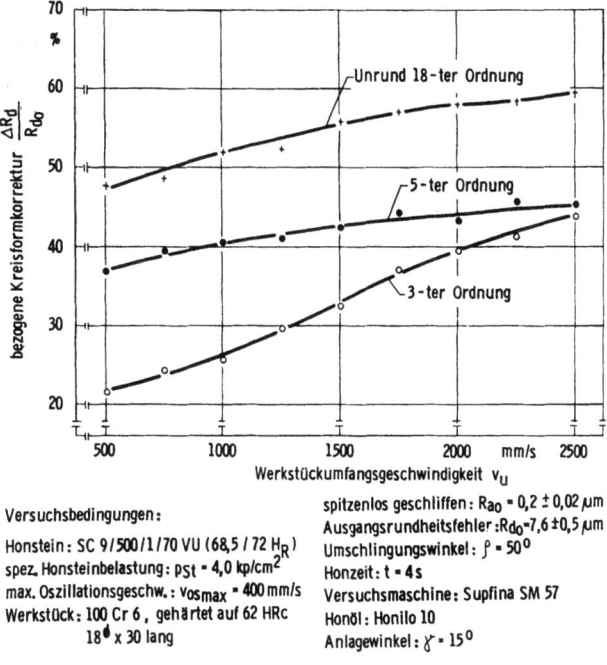

Abb. 12 Einfluß der Werkstückumfangsgeschwindigkeit auf die Kreisformkorrektur

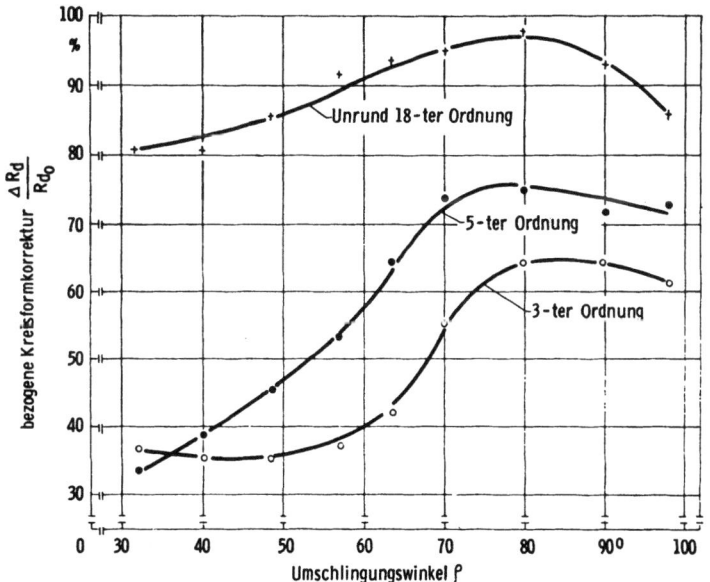

Abb. 13 Abhängigkeit der Kreisformkorrektur vom Umschlingungswinkel

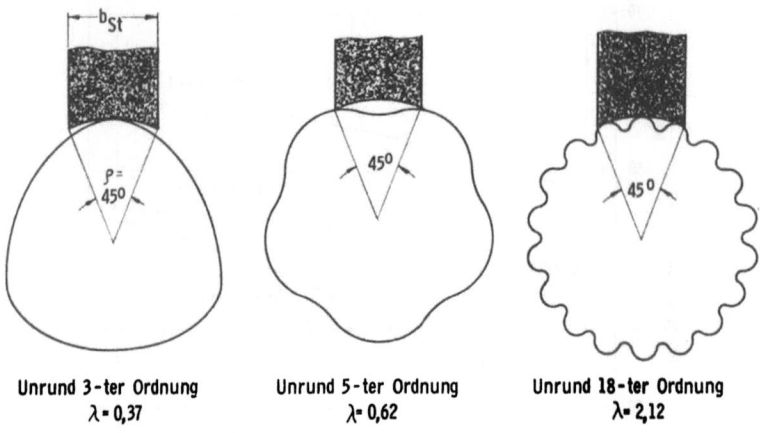

Abb. 14 Verschiedene Honsteinüberdeckungen λ bei gleichem Umschlingungswinkel

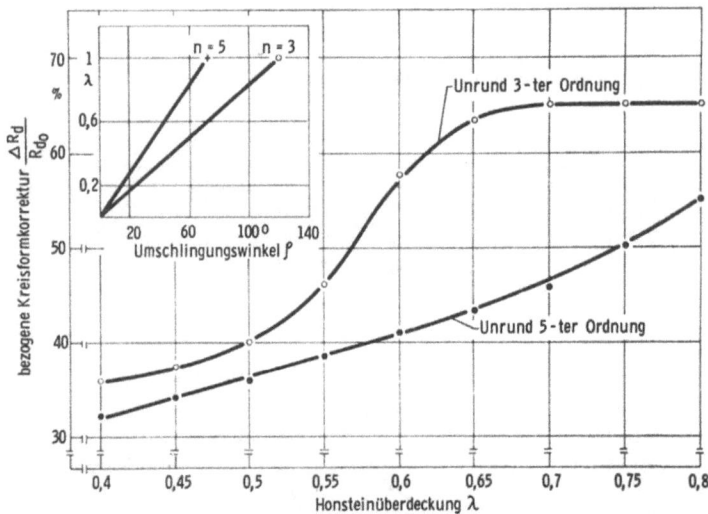

Abb. 15 Abhängigkeit der Rundheitskorrektur von der Honsteinüberdeckung
(Versuchsbedingungen siehe Abb. 13)

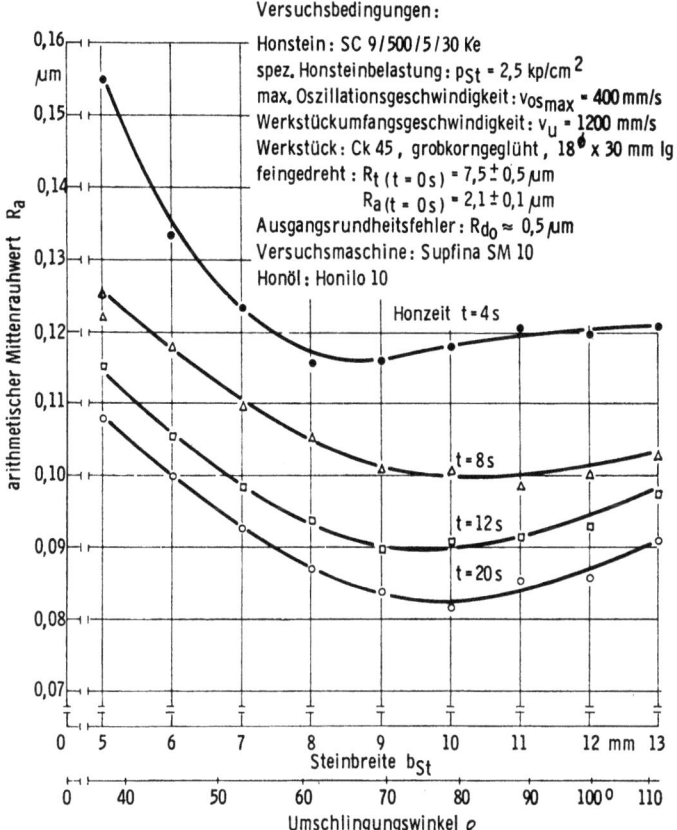

Abb. 16 Abhängigkeit der Oberflächenrauheit vom Umschlingungswinkel

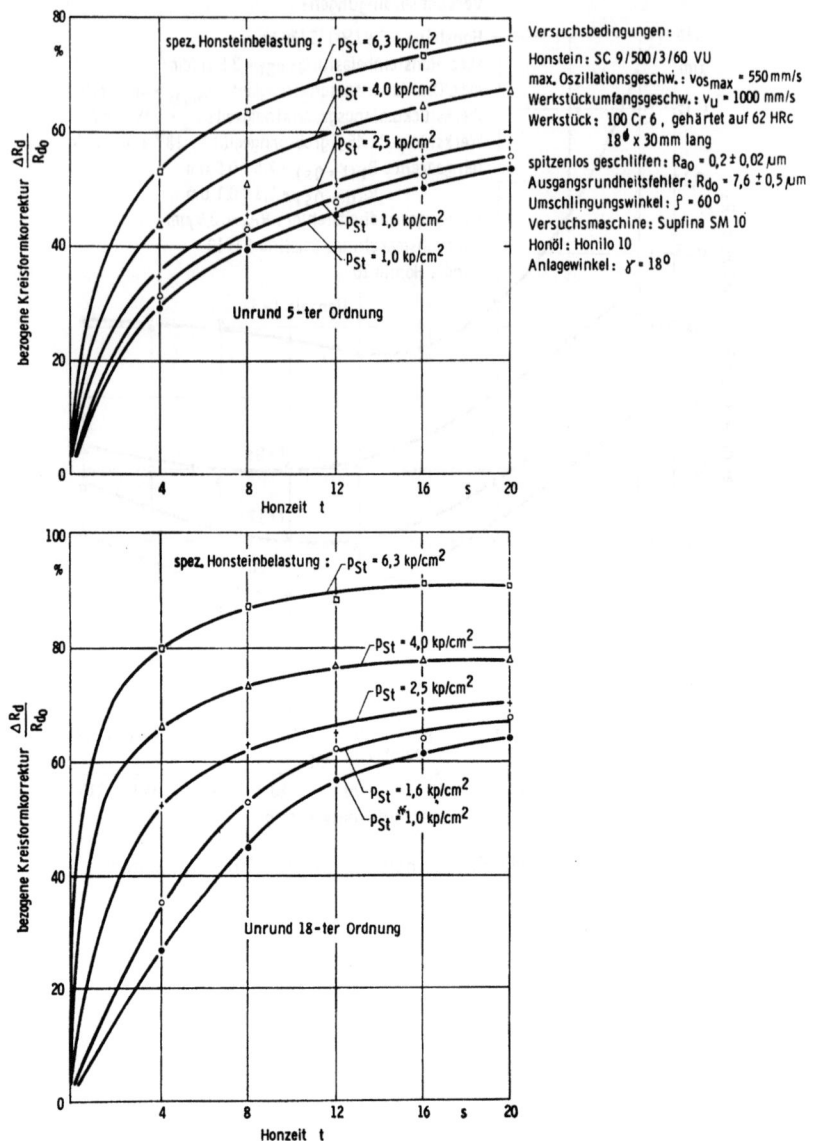

Abb. 17 Abhängigkeit der Kreisformkorrektur von der spezifischen Honsteinbelastung p_{St}

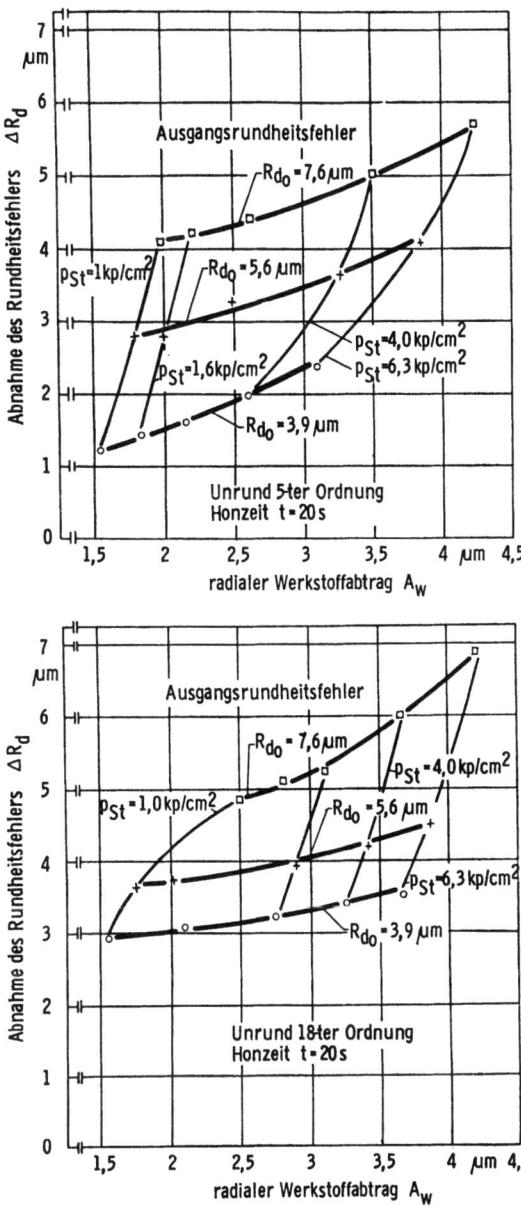

Abb. 18 Abnahme des Rundheitsfehlers in Abhängigkeit vom radialen Werkstoffabtrag (Versuchsbedingungen siehe Abb. 17)

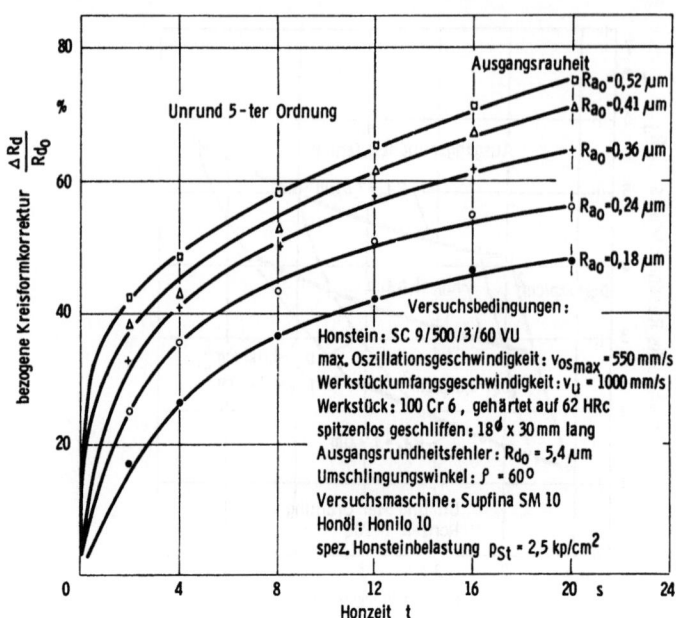

Abb. 19 Einfluß der Ausgangsrauheit auf die Kreisformkorrektur in Abhängigkeit von der Honzeit

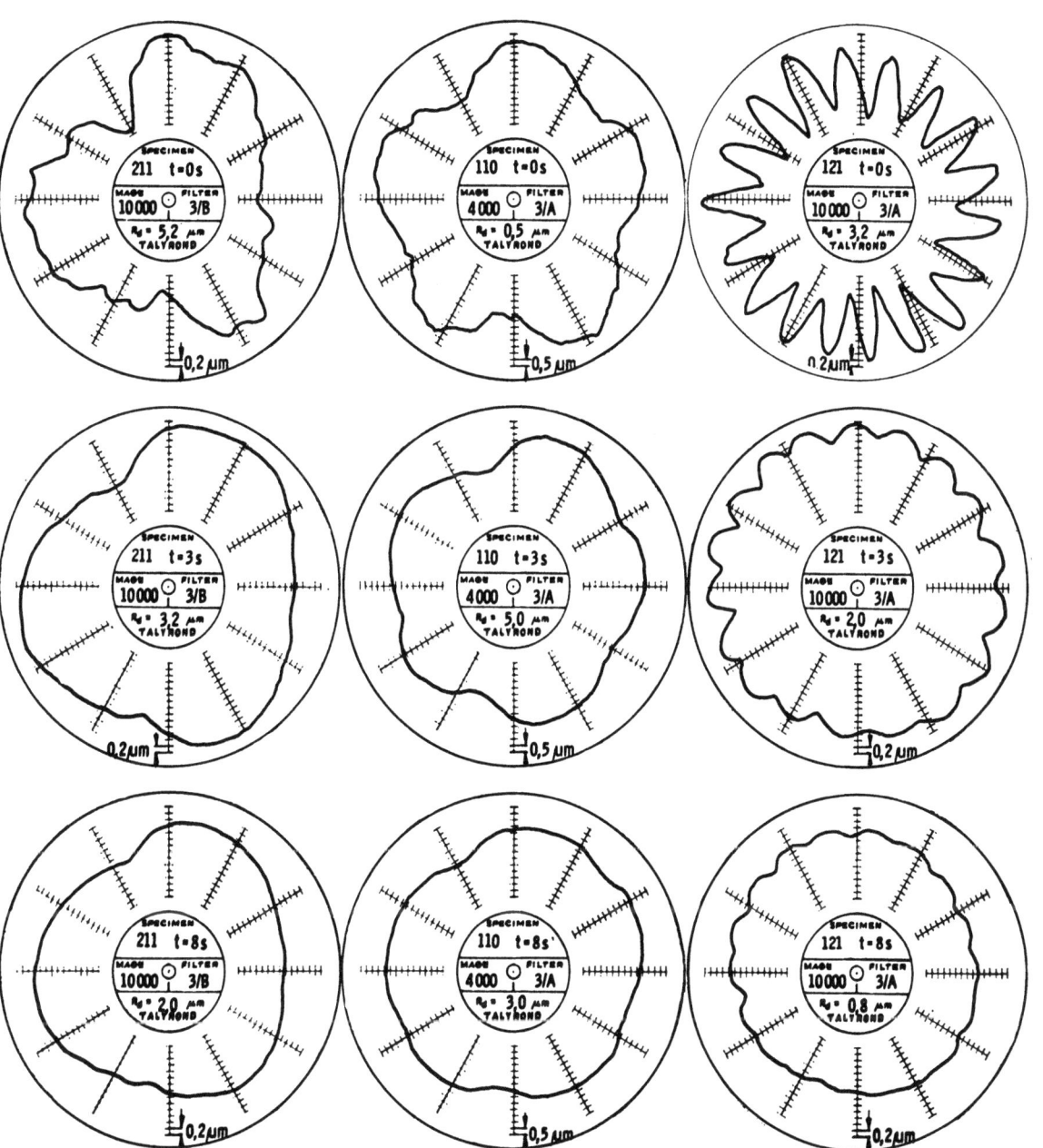

Abb. 20–1   Darstellung der Rundheitsfehlerkorrektur

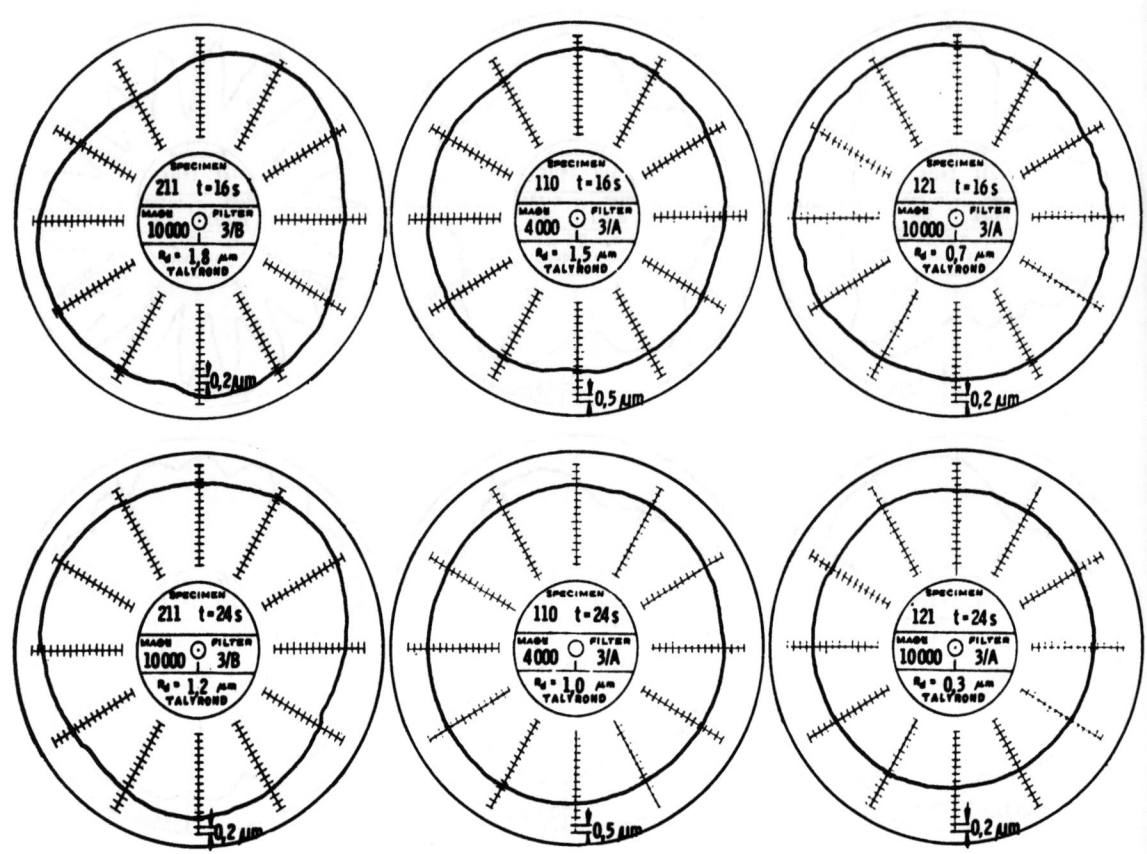

Abb. 20-2 Darstellung der Rundheitsfehlerkorrekur

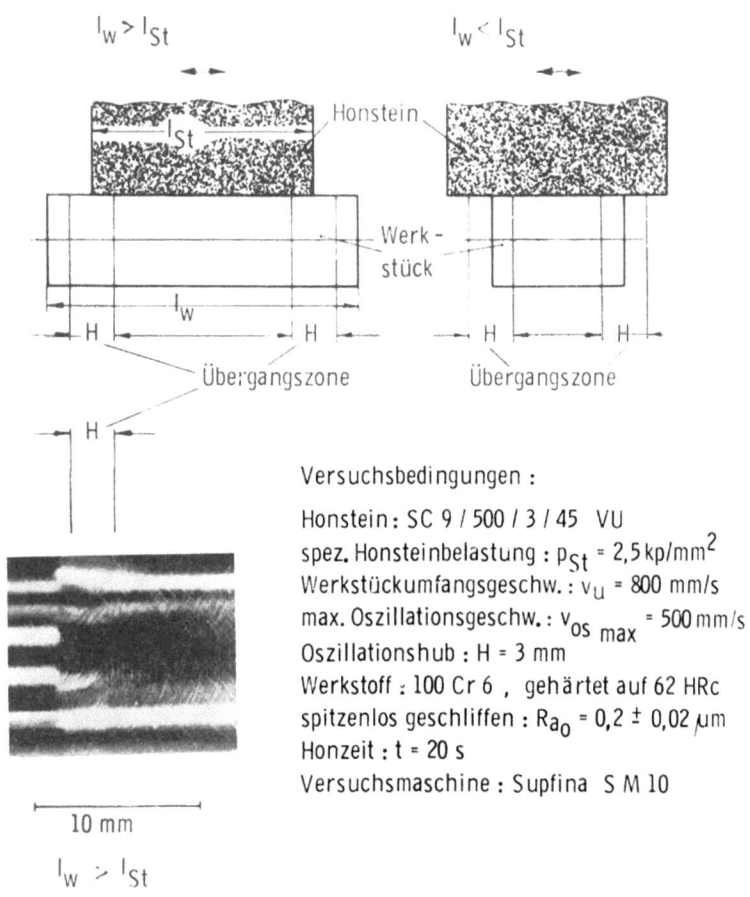

Abb. 21 Darstellung der Übergangszone

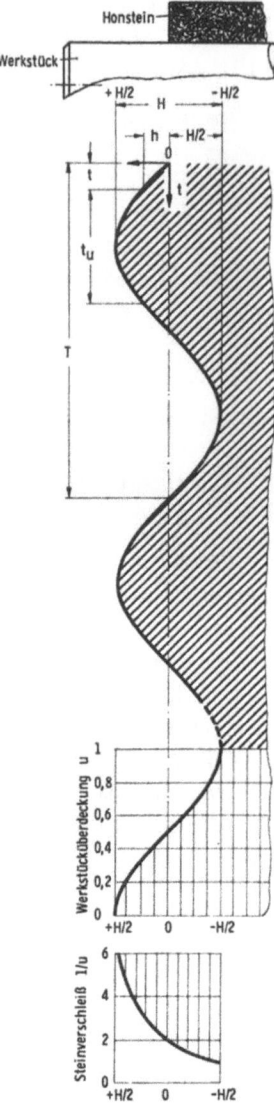

Abb. 22 Überdeckungsverhältnisse und Honsteinverschleiß innerhalb der Übergangszone

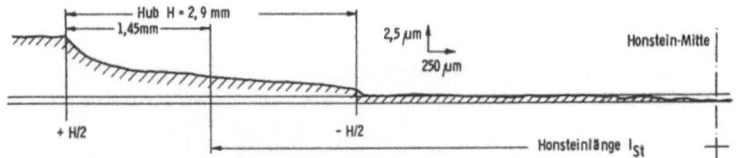

Abb. 23 Mantellinienprofil in der Übergangszone

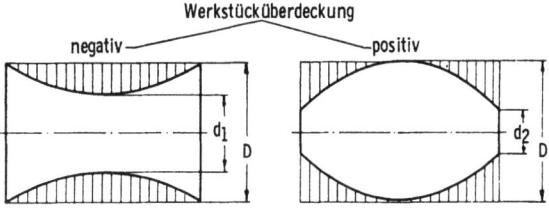

Abb. 24 Erzeugung der hohlen bzw. balligen Werkstückform bei gleichem Materialabtrag

Versuchsbedingungen:

spez. Honsteinbelastung p_{St} = 2,5 kp/cm²
max. Oszillationsgeschw. $v_{os_{max}}$ = 250 mm/s
Oszillationshub H = 2,6 mm
max. Oszillationsgeschw. $v_{os_{max}}$ = 400 mm/s
Oszillationshub H = 4,0 mm
Werkstückumfangsgeschw. v_U = 48 m/min
Werkstück: Ck 45 grobkorngeglüht 18 mm ⌀
feingedreht: $R_{t(t=0s)} = 7{,}5 \pm 0{,}5$ µm
$R_{a(t=0s)} = 2{,}1 \pm 0{,}1$ µm
Honzeit: t = 40 s
Versuchsmaschine: Supfina SM 10
Honöl: Honilo 10

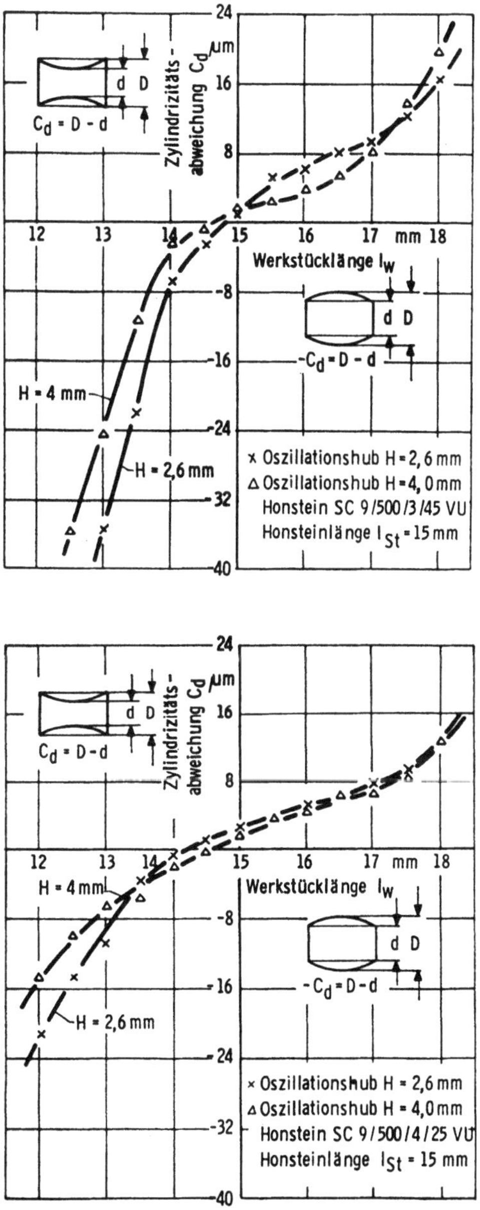

Abb. 25 Abhängigkeit der Zylindrizitätsabweichung von der Werkstücklänge und dem Oszillationshub für $t = 40$ s

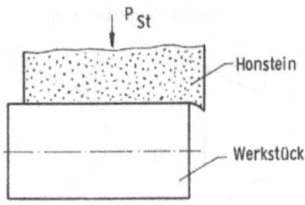

Abb. 26 Schematische Darstellung der elastischen Verformung des Honsteines in der Übergangszone

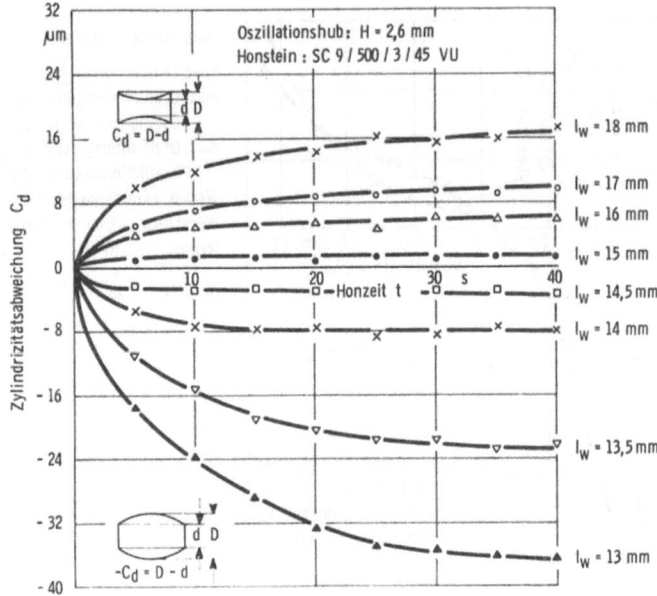

Abb. 27 Einfluß der Honzeit auf die Ausbildung der Zylindrizitätsabweichung (Versuchsbedingungen siehe Abb. 25)

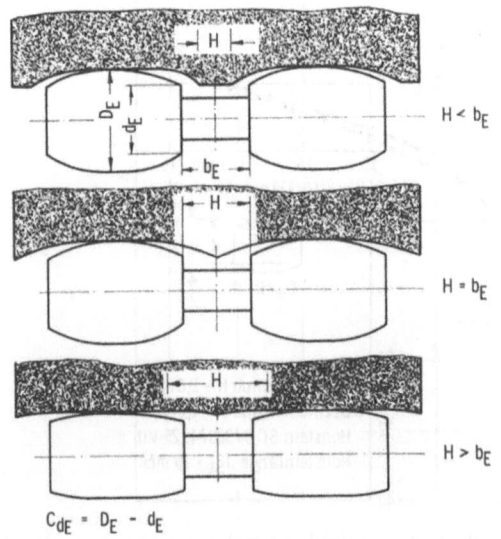

Abb. 28 Honstein-Werkstücküberdeckung in Abhängigkeit des Oszillationshubes

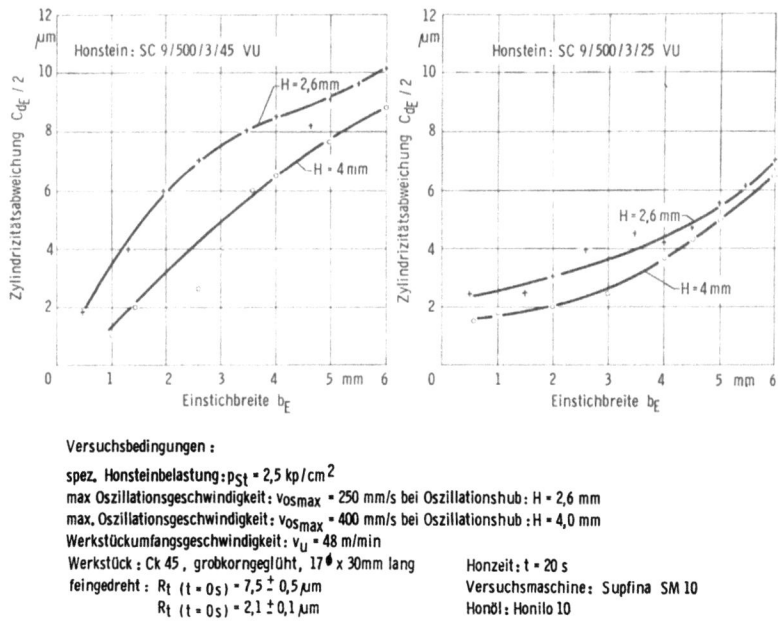

Abb. 29   Abhängigkeit des Zylindrizitätsfehlers s von der Nutbreite

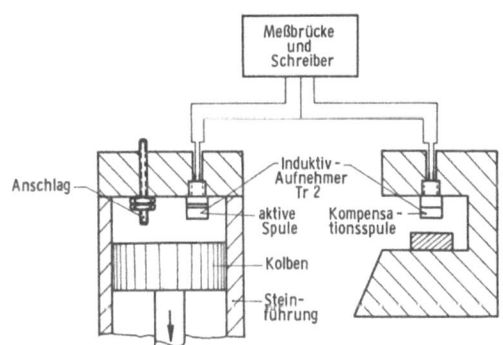

Abb. 30   Meßvorrichtung zur Messung des Honsteinverschleißes

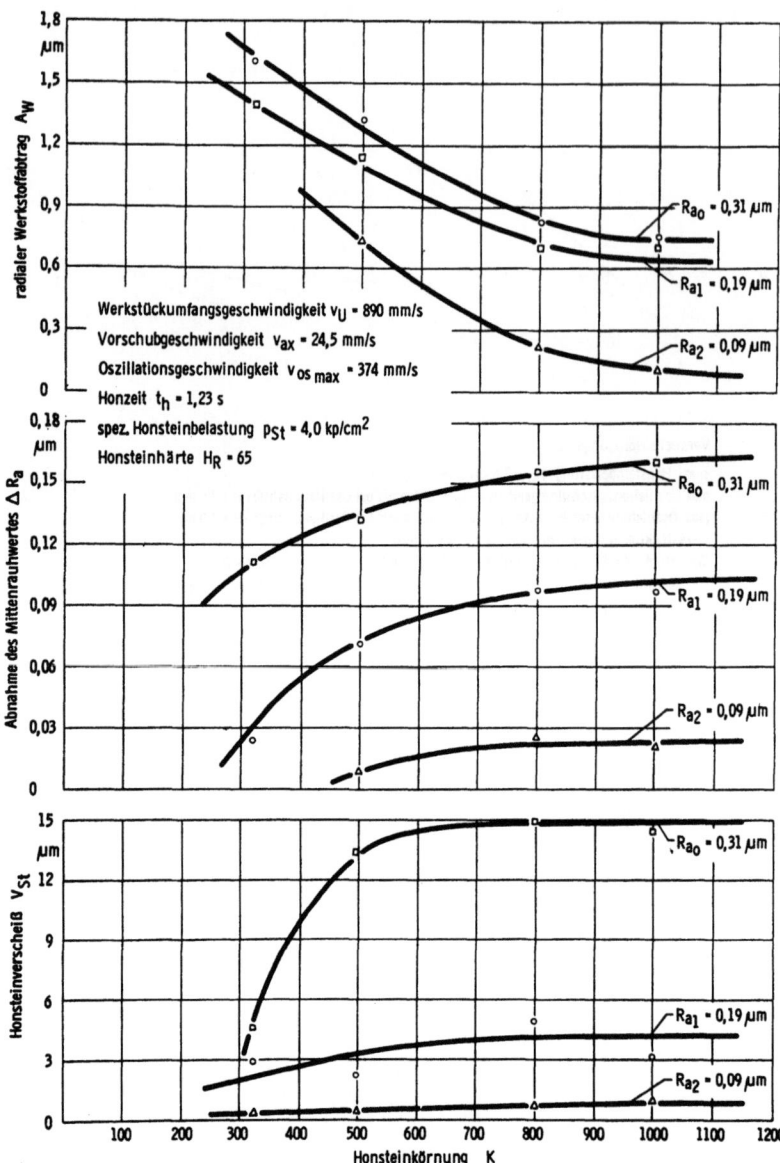

Abb. 31 Einfluß der Honsteinkörnung anf das Arbeitsergebnis

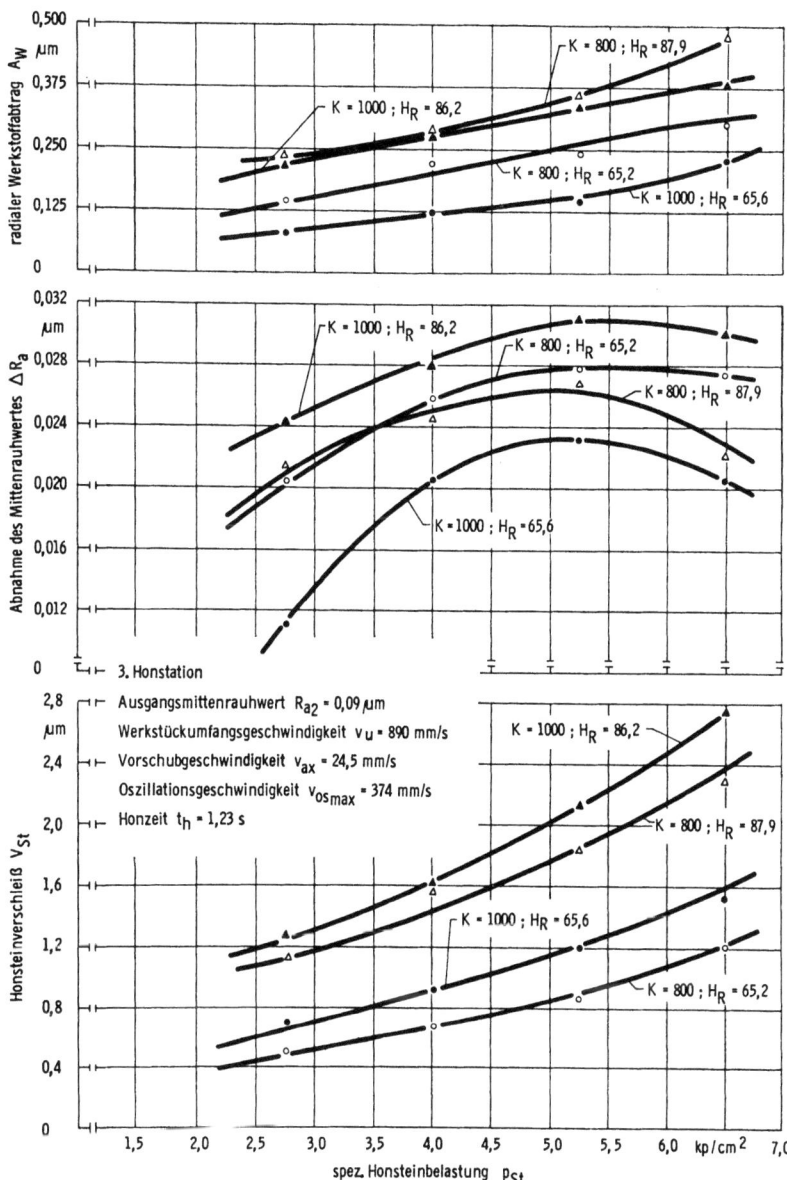

Abb. 32 Einfluß der spezifischen Honsteinbelastung auf das Arbeitsergebnis

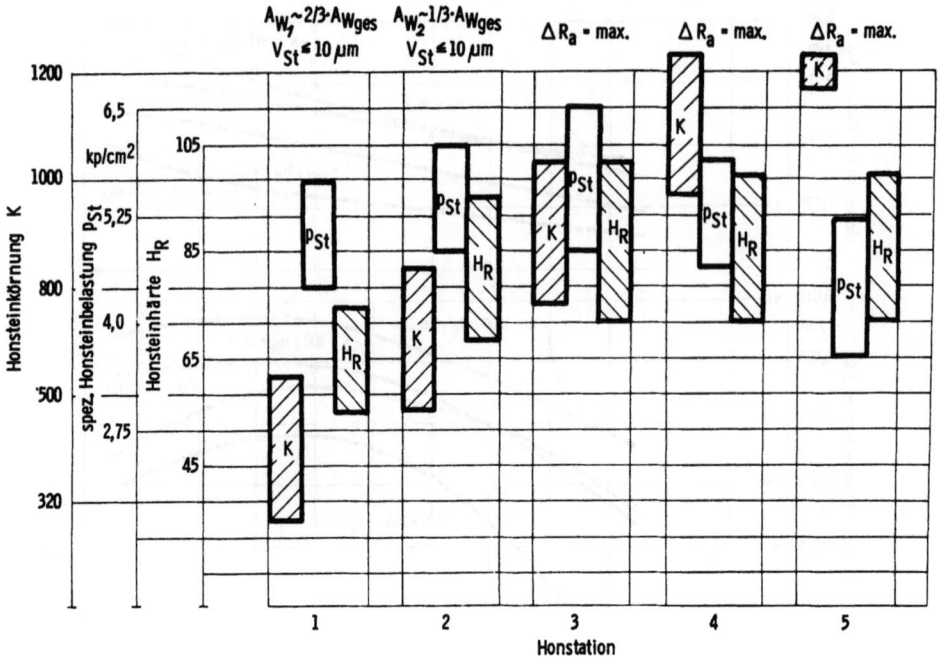

Abb. 33 Richtwerte für die Auswahl der Arbeitsbedingungen

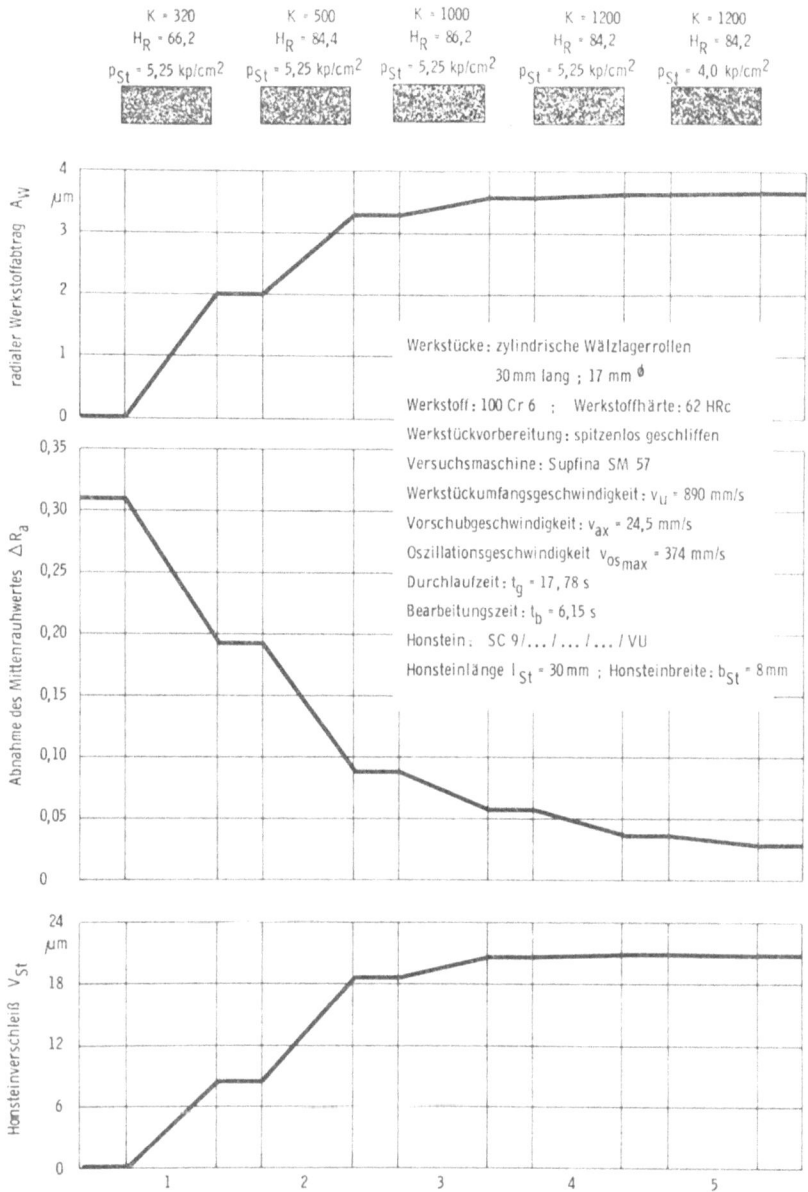

Abb. 34 Bearbeitungsbeispiel für die Durchlaufbearbeitung

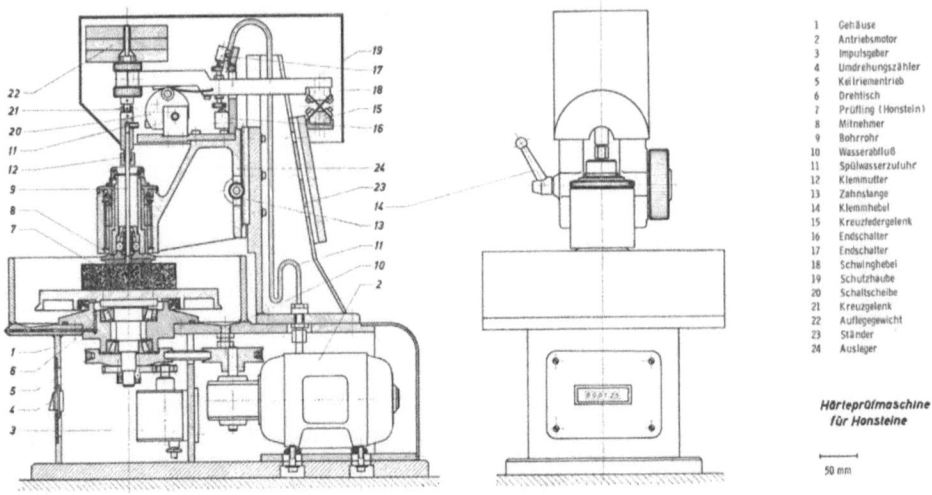

Abb. 35   Honsteinhärteprüfgerät

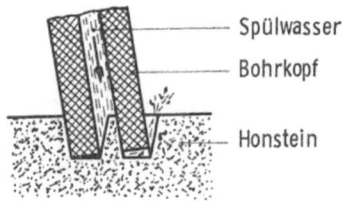

Abb. 36   Darstellung des Bohrvorganges

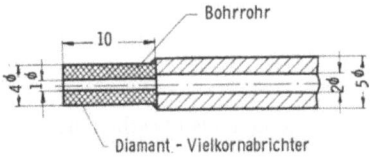

Abb. 37   Bohrwerkzeug

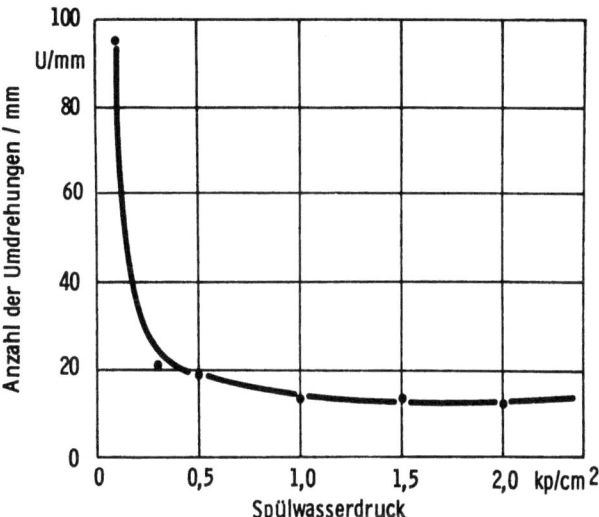

Abb. 38 Abhängigkeit der Anzahl der Umdrehungen/mm vom Spülwasserdruck

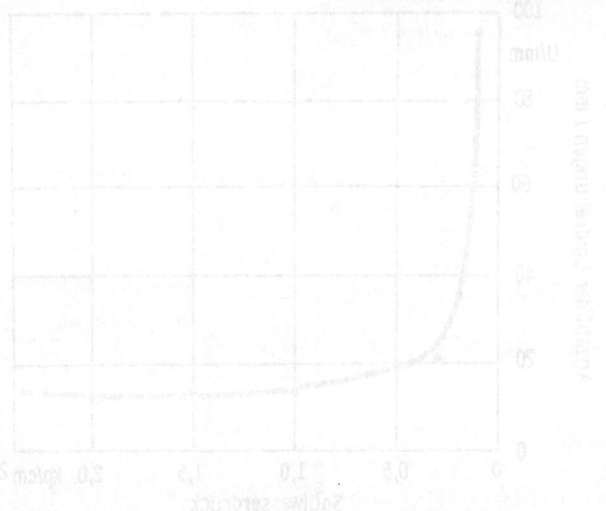

Abb. 29. Abhängigkeit der Anzahl der Umdrehungen vom Schwasserdruck

Forschungsberichte des Landes Nordrhein-Westfalen

Herausgegeben im Auftrage des Ministerpräsidenten Heinz Kühn
von Staatssekretär Professor Dr. h. c. Dr. E. h. Leo Brandt

Sachgruppenverzeichnis

Acetylen · Schweißtechnik
Acetylene · Welding gracitice
Acétylène · Technique du soudage
Acetileno · Técnica de la soldadura
Ацетилен и техника сварки

Arbeitswissenschaft
Labor science
Science du travail
Trabajo científico
Вопросы трудового процесса

Bau · Steine · Erden
Constructure · Construction material ·
Soil research
Construction · Matériaux de construction ·
Recherche souterraine
La construcción · Materiales de construcción ·
Reconocimiento del suelo
Строительство и строительные материалы

Bergbau
Mining
Exploitation des mines
Minería
Горное дело

Biologie
Biology
Biologie
Biologia
Биология

Chemie
Chemistry
Chimie
Quimica
Химия

Druck · Farbe · Papier · Photographie
Printing · Color · Paper · Photography
Imprimerie · Couleur · Papier · Photographie
Artes gráficas · Color · Papel · Fotografía
Типография · Краски · Бумага · Фотография

Eisenverarbeitende Industrie
Metal working industry
Industrie du fer
Industria del hierro
Металлообрабатывающая промышленность

Elektrotechnik · Optik
Electrotechnology · Optics
Electrotechnique · Optique
Electrotécnica · Optica
Электротехника и оптика

Energiewirtschaft
Power economy
Energie
Energia
Энергетическое хозяйство

Fahrzeugbau · Gasmotoren
Vehicle construction · Engines
Construction de véhicules · Moteurs
Construcción de vehículos · Motores
Производство транспортных · Средств

Fertigung
Fabrication
Fabrication
Fabricación
Производство

Funktechnik · Astronomie
Radio engineering · Astronomy
Radiotechnique Astronomie
Radiotécnica · Astronomía
Радиотехника и астрономия

Gaswirtschaft
Gas economy
Gaz
Gas
Газовое хозяйство

Holzbearbeitung
Wood working
Travail du bois
Trabajo de la madera
Деревообработка

Hüttenwesen · Werkstoffkunde
Metallurgy · Materials research
Métallurgie · Materiaux
Metalurgia · Materiales
Металлургия и материаловедение

Kunststoffe
Plastics
Plastiques
Plásticos
Пластмассы

Luftfahrt · Flugwissenschaft
Aeronautics · Aviation
Aéronautique · Aviation
Aeronáutica · Aviación
Авиация

Luftreinhaltung
Air-cleaning
Purification de l'air
Purificación del aire
Очищение воздуха

Maschinenbau
Machinery
Construction mécanique
Construcción de máquinas
Машиностроительство

Mathematik
Mathematics
Mathématiques
Mathemáticas
Математика

Medizin · Pharmakologie
Medicine · Pharmacology
Médecine · Pharmacologie
Medicina · Farmacología
Медицина и фармакология

NE-Metalle
Non-ferrous metal
Metal non ferreux
Metal no ferroso
Цветные металлы

Physik
Physics
Physique
Física
Физика

Rationalisierung
Rationalizing
Rationalisation
Racionalización
Рационализация

Schall · Ultraschall
Sound · Ultrasonics
Son · Ultra-son
Sonido · Ultrasónico
Звук и ультразвук

Schiffahrt
Navigation
Navigation
Navegación
Судоходство

Textilforschung
Textile research
Textiles
Textil
Вопросы текстильной промышленности

Turbinen
Turbines
Turbines
Turbinas
Турбины

Verkehr
Traffic
Trafic
Tráfico
Транспорт

Wirtschaftswissenschaften
Political economy
Economie politique
Ciencias económicas
Экономические науки

Einzelverzeichnis der Sachgruppen bitte anfordern

Westdeutscher Verlag · Köln und Opladen
567 Opladen/Rhld., Ophovener Straße 1–3, Postfach 1620

If you have any concerns about our products,
you can contact us on
ProductSafety@springernature.com

In case Publisher is established outside the EU,
the EU authorized representative is:
**Springer Nature Customer Service Center GmbH
Europaplatz 3, 69115 Heidelberg, Germany**

Printed by Libri Plureos GmbH
in Hamburg, Germany